陕西出版资金资助项目

建筑中的妙与趣

王雄文　著

西安电子科技大学出版社

图书在版编目(CIP)数据

建筑中的妙与趣/王雄文著. —西安：西安电子科技大学出版社，2016.11(2018.12 重印)

ISBN 978 - 7 - 5606 - 4143 - 0

Ⅰ. ① 建…　Ⅱ. ① 王…　Ⅲ. ① 建筑艺术－通俗读物　Ⅳ. ① TU - 8

中国版本图书馆 CIP 数据核字 (2016) 第 264390 号

策　　划　马乐惠　陈　婷
责任编辑　陈　婷　马乐惠
出版发行　西安电子科技大学出版社(西安市太白南路 2 号)
电　　话　(029)88242885　88201467　　邮　　编　710071
网　　址　www.xduph.com　　　　电子邮箱　xdupfxb001@163.com
经　　销　新华书店
印刷单位　三河市兴国印务有限公司
版　　次　2016 年 11 月第 1 版　2018 年 12 月第 3 次印刷
开　　本　787 毫米×960 毫米　1/16　印　张　12
字　　数　201 千字
印　　数　3501～13 500 册
定　　价　35.00 元

ISBN 978 - 7 - 5606 - 4143 - 0/TU

XDUP 4435001 - 3

＊＊＊如有印装问题可调换＊＊＊

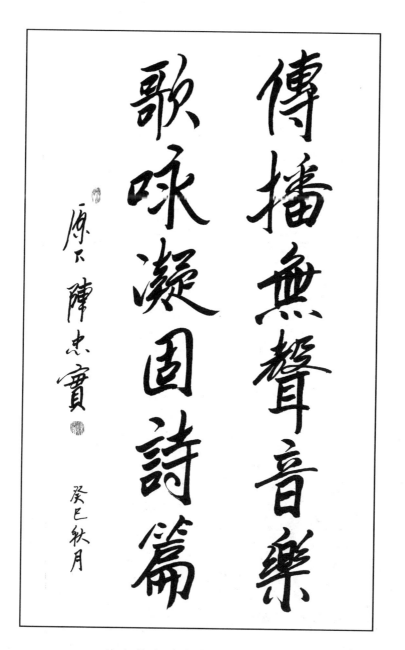

傳播無聲音樂

歌咏凝固詩篇

原下 陳忠實

癸巳秋月

著名作家陈忠实为本书题词

序

建筑被誉为"无声的音乐，凝固的诗篇"。当我们仰望伟大祖国的万里长城时，就会有一种亲切自豪、心潮澎湃之感，再看长城上那一块块巨砖砌起来的城垛，像一架巨大钢琴上起伏的键盘，演奏出多少华夏文明的壮美乐章；当我们看到西安大雁塔时，就会有一种历史沧桑之感，那巍峨的身姿，古朴的造型，屹立千年而英姿勃发，犹如一支雄浑的巨笔，书写着灿烂的诗篇，至今仍魅力无穷，令人赞叹。

建筑是人类文明的伟大创造，它为人们遮风避雨，保温御寒，为人们提供了赖以生存的基本条件。从6000多年前半坡先民的圆形草房，到秦汉时期的高屋宫殿；从黄土造就的普通民宅，到现代化的高楼大厦，建筑时刻都和我们相伴。当你走进办公大楼工作的时候，当你走进教室或图书馆看书学习的时候，当你走进影剧院欣赏精品剧目的时候，当你躺在家里床上睡觉休息的时候……我们都会处在建筑物这一特殊"包裹"之中。建筑为我们提供了良好的工作场所和生活环境。

随着社会的不断进步和发展，建筑显得越来越重要，并不断由低级向高级阶段发展。一个家庭的住房，反映着一个家庭的经济条件；一个城市的建筑，反映着一个城市的精神面貌。建筑中蕴含着历史的演进，文化的延续，科技的融合，艺术的创造，可以说，建筑是一部砖石组成的"百科全书"，凝结了人类的智慧。建筑涉及结构力学、物理学、地质学、材料学、气象学、环境学、植物学、动物学、数学、哲学、美学等诸多学科，是一个需要不断熟悉、探索和学习的领域。

一位名人将建筑的意义讲得很透彻："建筑是石头的史书。"在现代社会，建筑所包含的内容更加丰富、更加多元。建筑不仅承担着居住功能，而且承担着社会功能。建筑也从过去的一个行业转变成为一个热门产业，并和千家万户有着密切的关系。

了解我们的城市，了解我们的公共设施，了解我们居住的房屋。建筑不单纯是一个栖身之地，也不是冰冷的钢筋和水泥，建筑是有温度的，蕴含着丰富的知识和炽热的情感，建筑是一首抒情的歌，是一幅立体的画。作为一个现代人需要了解建筑、亲近建筑、感知建筑、欣赏建筑、热爱建筑，让建筑更好地为我们服务。

建筑有它的时代背景，也有美妙的故事，更包含着美学和神韵。让读者了解习以为常并略有陌生的建筑，将读者带进一个五彩缤纷的建筑世界，在阅读中感受和体味建筑的美，并从中获取多方面的知识，同时了解建筑中的许多趣事，使建筑不再生硬，而显得富有活力和生气，是这本书的基本初衷和所要达到的目的。

本书的内容包括仿生建筑、有声建筑、桥梁建筑、塔式建筑、古代建筑、民居建筑、怪异建筑、时尚建筑、未来建筑等九个部分，每个部分都是一个独立的体系，且图文并茂，涉及古今中外许多著名建筑，力求通过通俗易懂的方式，带领读者一起解读建筑中的奥秘。

地球上最明显的人工痕迹是建筑，这是因为它隆起高度所致的；世界上最伟大的创造是建筑，这是人类居住所需要的。建筑是长在大地上的树，它是有生命的；建筑是开在大地上的花，它是有色彩的。自从人类有了建筑，文明就跨跃了一大步。建筑在历史的发展演进中，留下了许多经典之作，那就让我们翻开此书，来一次建筑之旅，领略建筑中的妙趣吧！

目录 /*Contents*

❖ 各具风采的民居建筑

❖ 形形色色的怪异建筑

❖ 彰显特色的时尚建筑

❖ 充满希望的未来建筑

别具情趣的仿生建筑

从蜜蜂造房说起

蜜蜂是辛劳勤奋的象征，它广采百花，酿造香甜；为产一公斤的蜜，要在100多万朵鲜花上采集，飞行四十多万公里，相当于绕地球十余圈。这是多么庞大惊人的数字啊！古往今来，有多少人赞美和讴歌它。然而，人们是否知道，蜜蜂还是杰出的建筑师呢！

蜜蜂在酿蜜前首先要造蜂房，蜂房既是舒服的住宅，又是为酿蜜建造的仓库。如果我们细心观察就会发现，很多动物的巢穴本身就是经典的建筑，而蜂窝就是其中杰出的代表作品。蜂窝也早已成为人类建筑模仿的对象。

早在公元四世纪，古希腊数学家佩波斯就提出，蜂窝的优美形状，是自然界最有效劳动的代表。他发现，人们所见到的截面呈六边形的蜂窝，是蜜蜂采用最少量的蜂蜡建造而成的，也是最经济的形体。在相同的条件下，利用这种六角柱状形，可以使用最少的材料建造出最大的使用面积来。

十八世纪初，法国学者马拉尔奇也对蜂窝产生了兴趣，他曾对蜂窝进行过仔细的观察和测量，发现每个六角柱状体都是相同的，其底部三个菱形面的锐角和钝角，分别是 $70°32'$ 和 $109°28'$。这一发现，把对蜂窝的研究又向前推进了一步。

关于蜂窝是否是最经济的形体，这里有一个有趣的故事。一位数学家精确计算出了最经济形体的角度数据，这个数据与之前马拉尔奇测算出的蜂窝角度，只差两分，这当然推翻了蜂窝结构是最经济形体的推断。不过，很多人认为，对于蜜蜂这么小的建筑师来说，这么小的误差已经算不了什么。谁知过了几年，又有科学家对此提出异议，认为蜜蜂不会有误差，蜂窝的结构就是最经济的形体，双方为了两分的差距争论不休。如果不是后来发生的一件事，蜜蜂的冤案还无法昭雪。一艘英国军舰在不应该的情况下沉没，调查随之展开，最后发现是设计计算有误，问题就出在印刷有误的对数表上。那位数学家听后大吃一惊，他发现自己计算时所使用的正是这种错误的对数表。于是用正确的对数表重新计算，结果发现蜜蜂没错，它建造的房屋就是真正的最经济的形体。

蜂窝是一座十分精密的建筑工程。在建房时，青壮年工蜂负责分泌片状新鲜蜂蜡，每片只有针头大小。而另一些工蜂则负责将这些蜂蜡摆放到一定的位置。蜜蜂使用自己的触角作为计量器具，用双颚作为剪刀，虽然没有精密的仪器，也不用对数表，却能完成精密的建筑。成千上万间蜂房紧密排列，不但形状、角度都一样，连体积也完全相同。六角柱状形体，每面墙厚度不到 0.1 毫米，六面隔墙宽度完全相同，墙之间的角度正好 120°，形成了一个完美的几何图形。

人们不禁要问，蜜蜂为什么不将蜂房建成三角形、正方形或其它形状呢？这就引出一个数学问题，即寻找面积最大、周长最小的平面图形。

1943 年，匈牙利数学家陶斯巧妙地证明，在所有首尾相连的正多边形中，正六边形的周长是最小的。但如果多边形的边是曲线时，会发生什么情况呢？陶斯认为，正六边形与其

道路护坡用的蜂窝状砌块

它任何形状的图形相比，它的周长最小。但他当时不能充分证明这一点。直到 21 世纪初，美国密执安大学数学家黑尔经过论证，证明无论是曲线向外凸，还是向里凹，由许多正六边形组成的图形周长最小。他将长达 19 页的证明过程放在因特网上，得到了许多专家的认可。

蜂窝的结构形状引起人们如此广泛兴趣，说明它与人们的生活息息相关。许多年前，蜂窝的造型就给人们以启发和灵感，于是产生了建筑仿生学。蜂窝的结构被仿制，并广泛用在飞机和火箭上。由于使用材料的经济性，蜂窝的造型设计还被广泛应用于城市建筑之中。

人们根据蜂窝的结构原理，制成空心楼板、空心砖、空心隔墙、蜂窝纸板等，这些材料既节省物料，又隔音、隔热，不仅减轻了建筑的重量，同样多的物料还可营造出更大的空间。

在市政建设上，人们制成正六边形的空心混凝土砌块和地砖，用以砌筑道路的护坡或铺设人行道。如在混凝土砌块空心部位种上花草，既绿化了环境，又美观别致。

此外，墨西哥建筑师还根据蜂窝原理设计了两座蜂巢大厦，无数个六角形作为结构包覆串连了两座楼体，同时也作为玻璃幕墙的支撑框架，蜂巢状的架构还暗示了现代人居住的形态终究要回归到大自然的理念。

墨西哥蜂巢大厦

人向植物学建筑

植物是人类的好朋友，它为人们提供了赖以生存的自然环境和宝贵资源，在建筑学上，植物也给了人们许多启发和灵感。

早在远古时代，河上并没有桥，偶然一棵树倒下去搭在河上，动物从树干上爬过去，这就是世界上第一座桥。人类在无意的状态下，开始模仿这棵树木，于是就出现了独木桥，最后发展到石板桥、拱桥、索桥，以至现在各式各样的桥。

在建筑设计中，许多建筑就来源于人们对植物的认识。植物茎秆的结构，堪称建筑学家的"良师"。植物的茎干绝大多数为圆柱状，少数是三棱形或四棱形，原因是圆柱形最坚固，容量也最大。从植物学的角度来看，圆柱形的茎秆更利于发挥茎的支撑和运输作用。如大家熟悉的那纤细而中空的小麦茎秆，竟支撑起比它重几十倍的沉甸甸的麦穗。还有竹子、芦苇、蓖麻等植物的茎秆，内心也是空的，它们的秆茎与秆壁厚的比例大约是13：1。尽管如此，其茎秆还能支撑起上部的负荷而不至于弯曲。

按照力学原理，中空茎秆和同样粗的实心茎秆相比，它们的支撑力基本上是相等的，可用材和自身重量就相差很大了。仿照这一原理，建筑师们设计建造了像烟囱、水塔等构筑物，还有上水用的管道、天然气输送管道、搭设脚手架用的钢管等，既省材料又最抗弯曲。随着广播电视事业的发展，各地高耸入云的广播电视塔，其结构也是从植物茎秆中空负重这一原理中学来的。1992年巴塞罗纳奥运会设计建造的最有标志性的电视塔，就是吸取了植物茎秆自由平衡的形态而获得新颖构思的。

车前草生长的叶片分布得很均匀，其夹角正好是数学中黄金角的数值137.5°，按照这一角度排列的叶片，能很好地镶嵌而又互不重叠。这是植物采光面积最大的排列方式，每片叶子都可以最大限度地获得阳光，从而有效地提高植物光合作用的效率。建筑师们参照车前草叶片排列的几何模型，设计出了新颖的螺旋式高楼，使高楼的每个房间都达到最佳的采光效果。

牵牛花是蔓生植物，为了争取充分的阳光，它要缠绕着其他直立的植物向上生长。牵牛花是怎么朝上绕的呢？人们发现，它和菜豆一样，其缠绕的方向是固定的，都是从右向左旋转，这种旋转法在数学上称为右螺旋线。而蛇麻草则是从左向右旋转生长，称为左螺旋线。

植物中的这种螺旋线在建筑中的应用也很广泛。如最常见的螺丝和螺纹钢筋，螺丝可联结扣件，而螺纹钢筋可与混凝土中的水泥、沙石更好地黏合在一起，增加其黏结力和强度。

建筑中还有些柱子设计成螺旋线形，具有纤细华丽的装饰效果，看上去也别有一番情趣。建筑中有一种作为建筑垂直交通联系的旋转楼梯，实际上也是采用螺旋线的原理，如巴黎卢浮宫玻璃金字塔通往地下的楼梯，就是旋转形楼梯，既美观别致，又节省空间。

建筑中的旋转楼梯

更为有趣的是，还有将整栋建筑都设计成近似螺旋线的。如美国纽约古根哈姆美术馆，参观的人流由中央电梯直送至顶层，然后让观众由螺旋形的通道到各层参观，路线没有往返和逆行，人们可沿着螺旋线尽情地欣赏琳琅满目的艺术珍品。

有趣的是，现代建筑钢筋混凝土的发明也是从植物的根部得到启发的。有一位工程师喜爱养花，空闲时经常将花盆里的土翻来倒去，给花换盆。有一次他在换盆时，发现花盆中的土质很结实，难以倒出，无奈将花盆打碎，原来，花的根部和泥土错综复杂地交织在一起，变得极为结实，由此他获得了灵感：如果在建筑施工中，将钢筋和混凝土浇筑编织在一起，不是很坚固吗？经他一试，果然如此，于是钢筋混凝土便产生了。

人向植物学建筑，除模仿植物形体结构外，有的还干脆用植物做墙壁。在瑞士就有许多围墙不是用砖或水泥砌筑的，而是用树构成的，一般多是冬青或其他树木经过精心修剪而成"树墙"。而一些露天的餐馆，则用花做墙。一些居民区的住户则用"树墙"和"花墙"作为彼此的分界。

在我国，仿照植物形状的建筑也不少。在古城西安南郊有一家小区，进出的大门是用不锈钢做成的树林，树枝交错，结构巧妙，格外迷人。西安半坡遗址博物馆的大门，外形恰似数根圆木交叉支撑的先民住宅，显得原始而古朴，给人以无限遐思。

树木造型的小区大门

人向动物学建筑

人和动物之间有着许多不可分割的关系，在进化的早期，人和动物一样，都住在洞穴里，后来，随着文明的进步，人们才建起了房子，在建房的过程中，人们发现动物的巢穴很科学，于是就向动物学建筑。

在建筑设计中，动物的外形或某些特征常给人们以启迪，建筑师们有时会从动物的外形或构架上获取灵感，建造出许多优美的建筑来。说起恐龙，人们自然会想起电影或电视里那些巨大的爬行动物。在我国四川自贡市就曾出土有恐龙的化石，距今已有1亿4千万年的历史。恐龙属脊椎类大型爬行动物，它有一个庞大的身躯，长有数十米，高达8米，重约50吨。要承担这样一个巨大的身躯，必须有一个比较合理的骨架系统。

生活在中生代的这个庞然大物，要走动觅食，生存下来，四肢必须承受相当大的负荷，如果恐龙的骨架不具备合理的力学结构，这么大的身躯肯定会被压塌。建筑学家发现，恐龙巨大的身躯和头尾的重力中心，最后都落在脚部，犹如一座拱桥，从力学角度来看，它的确是一种承受巨大负荷的理想结构造型。建筑学家还发现，恐龙除背部坚硬的骨骼如同拱外，身体下腹柔性的肌体如同悬索，承受腹部的所有重量，而它粗壮的四肢正好成为全身下垂力的支座。

建筑师们从恐龙身躯的力学原理得到启发，把拱形结构与平衡拉索两者的特点结合起来，形成一种既能承受上部压力又能承受下部拉力的新的结构形式。如美国北卡罗来纳州的雷利体育馆，就充分发挥了这两种结构的作用，既达到稳定安全的目的，又可以丰富建筑艺术的造型，给人以美感。

实际上，在大跨度的建筑和桥梁中，把拱、悬索、梁等有机地结合起来，各取所长，能翻新出不同的结构形式，适应不同的使用功能，取得不同的艺术效果。这里值得一提的是，作为建筑结构的一种重要类型，拱形结构在窑洞、桥梁、教堂等东西方建筑中随处可见，成为一种常用的结构形式。

法国巴黎的卢浮宫，是举世闻名的古典建筑，始建于1204年，当时只是菲利普·奥古斯特二世皇宫的城堡。经过数世纪的改建扩建，1793年辟为法国国家博物馆，堪称人类艺术的宫殿，被无数后世建筑学家所敬仰。奇妙的是，这座16世纪由莱斯科设计改建的艺术殿堂，其拱形结构和恐龙之间竟有着奇妙的联系。

卢浮宫的整个建筑呈"U"字型，类似于中国的四合院，全长680米，建筑面积 13.8 万平方米，主体为三层，高大雄伟。由于卢浮宫在建筑设计时为了突出体现富丽堂皇的风格和皇家气派，无论门窗外部造型和内部结构，都大量采用了拱形结构形式，将恐龙的拱形骨架自然地融于建筑设计之中，让人感到卢浮宫建筑艺术似乎有恐龙的影子。

在西班牙有一座非常漂亮的博物馆，称为艺术科学宫。凡是参观过这种建筑的人都认为，它酷似一种史前动物。的确如此，设计师圣地亚哥·卡拉特拉瓦就是按照一种爬行动物的脊椎来设计该建筑的。这种爬行动物叫鬣蜥（liè xī），生活在北美洲、中美和西印度群岛。它长约 1.6 米，尾部占全长的三分之二，体表披有长形鳞，脊部从颈到尾基正中线上有棘状鳞，排列成鬣状，看上去非常漂亮。它喜欢上树，属爬行动物。

建筑师根据鬣蜥的别致外形，设计了西班牙巴伦西亚菲利佩王子艺术科学宫的外观，整个建筑的重量都由

菲利佩王子艺术科学宫

西北农林科技大学昆虫博物馆

侧面来支撑，类似一个"人"字架，其建筑脊部设计有动物的刺状鳞角，夜晚在灯光的衬映下，恰似一条变色龙，别具风采。

还有一种叫白蚁的昆虫，它能建造巨大的巢穴，可高达数米，称为"白蚁住宅"。白蚁在千万年的进化过程中，为自己的巢穴设计了极高明的通风系统，使之不会白天被太阳晒得过热而夜间又变得很凉。受到"白蚁住宅"的启示，津巴布韦的建筑师们在首都哈拉雷，就修建了一座能自行调节昼夜温差的办公大楼。

在陕西杨凌的西北农林科技大学内，有一座世界上最大的昆虫博物馆，这个博物馆建筑面积 3600 平方米，其外形独特有趣，远远望去，好似一只趴在地上的巨型瓢虫，圆圆的身躯，带花的斑点，煞是好看，吸引着众多的参观者。

蜘蛛也是建筑师

蜘蛛是动物中的小兄弟，以织网和捕虫而著称，有"织网能手"的美誉。"南阳诸葛亮，稳坐军中帐，摆起八卦阵，专捉飞来将。"这个谜语的谜底就是蜘蛛。

说来也让人难以相信，其貌不扬的蜘蛛竟与建筑扯上了关系。就说横跨于江河上的一座座斜拉桥吧，其巧妙的结构竟是从蜘蛛织网中得到启发的。

蜘蛛是"天才建筑师"，它织网时先用干线围成一个框，然后从网中心向外拉半径辐射线，再用粘丝编织捕捉小虫的网眼，这种坚固的悬索结构，其韧性相当好，能经受住风雨的摧残，即使上面挂满了水珠或粘了异物，网线也不会断，这在自然界中是独一无二的。蜘蛛结成的网能经受住苍蝇的高速撞击，就是给上面放一个啤酒瓶也不会摔下。

经过测算，蜘蛛丝的强度比人造纤维高 3 倍，坚韧程度更是同等直径钢缆的 5 倍。此外，它可拉长 20％而不断裂。蜘蛛是怎样拉出如此坚韧的丝来呢？现在，科学家已成功破解了其中的奥秘。蜘蛛在织网时，先把腹部抬向空中，因为腹部有一个丝囊，丝囊上有很多小孔，叫做喷丝口，从这些喷丝口可以喷出一种叫纤维蛋白的液体，这些液体一遇到空气，立即会凝固结晶成直径只有 0.001 毫米的丝。这种丝很轻，一根 5000 千米长的丝，其重量不超过 50 克，其断裂变应性相对来讲比钢还强。

科学家们还对蛛丝用高倍电子显微镜扫描，结果发现，一条蛛丝是由两根不同的线绞在一起的：一根干性直线状的，能拉长 20％；另一根黏性螺旋状的，可拉长 4 倍，复原后又不下垂，两根线绞在一起，便是一根韧性极强的"钢索"了。此"索"周围覆盖着一层胶质黏液微滴，每一滴中都有一个丝团。这样，当遇到外界碰撞时，丝团便伸展开来，增加了线的长度，不但不会撞断，反而越挣越长。

建筑学家由蜘蛛奇特的拉丝方法和蛛丝的坚韧强度得到灵感，模拟蜘蛛网的原理和网架结构，造起了许多大跨度的桥梁，创造了人类建筑史上的奇迹。

我国建成的各种功能和各种形式的斜拉桥有近百座，其中 400 米以上有 9 座。1993 年建成的上海杨浦大桥，以 602 米的跨度，成为当时世界第一斜拉桥；1999 年建成的江阴长江大桥跨度达到 1385 米，位居世界大跨度斜拉悬索桥的第四位，跻身世界先进行列。

悬索结构是 20 世纪中期兴起的结构形式。它由曲线形的钢索构成。多用于桥梁和运动竞技馆。悬索结构适

恰似蛛网的钢索斜拉桥

悬索结构的代代木体育馆

宜于用抗拉性较强的材料，例如型钢、钢索、钢缆等。悬索结构只承受拉力，任何截面无弯矩，而且本身柔软，材料可以得到充分利用，最能发挥钢材的抗拉能力。因此，这种结构体系是很有效而且经济的。

坐落在日本东京的第18届奥运会主场馆——代代木体育馆是采用悬索结构的一个杰出代表，其建造也是由蜘蛛网得到启发的。这座建筑外观上类似海螺，造型独特，给人以很强的视觉冲击力；其结构是由自然下垂的钢索，牵引主体的各个部位，从而托起了这座总面积达2.5万平方米的超大型建筑，成为建筑艺术的经典作品。

美国著名的耶鲁大学有一座外形十分奇特的冰球馆，看起来像一只巨大的海龟。这座建筑的形状基本上是由所采用的悬索结构决定的。建筑中央是道巨大的拱形脊梁，两侧有低低的圈梁。钢索就挂在中央脊梁和圈梁之间，形成巨大的曲面屋盖。冰球馆内可容纳3000多名观众。

我国的北京工人体育馆，为双层辐射式悬索结构，顶部像个小平放的自行车的轮子，这比单层蜘蛛网又高明了一步。人类的创造智慧，到底要比蜘蛛强得多。

蜘蛛是一个善于活动的动物。它的大腿虽然没有肌肉，但却有惊人的弹跳力，一个不到1厘米高的蜘蛛，一般能跳过十几厘米，弹跳高度是身高的十几倍。究其原因，蜘蛛的大腿相当于一个液压机构，当它的大腿充满"血液"时，软腿变硬，通过这一爆发过程，使它一跃而起，跳得高而远。科学家通过研究与探索，将蜘蛛腿中的液力学效应运用到机械工程技术中。像建筑工程机械中的挖掘机、推土机、起重机等，都应用了"液压力学"这一原理。

如今，瑞士的机械制造师已研制出一种叫"蜘蛛"的海底挖掘机，该机器由钛和铝构成，驾驶员坐在海面的船只上即可进行遥控操作，而"蜘蛛"则在1000米的水下进行作业，它能粉碎并推开巨石，为铺设海底管线扫清道路，是一种不同寻常的高科技工程机械。

龟甲蛋壳与建筑

乌龟，被誉为长寿和力量的象征。它看起来其貌不扬，但在我国古代却有着很高的社会地位，与龙、凤、麒麟并列称为"四灵"，又与龙、凤、虎合称为代表天下四个方向的神兽。

据《史记·龟策列传》记载："南方老人用龟支床足，行二十余岁，老人死，龟尚不死。"由此说明龟的寿命很长，现代科学研究认为，龟的寿命一般在三、五百年。所以，人们常用"支床有龟"来比喻老人长寿。

走进西安碑林或小雁塔，人们可以看到许多巨大的碑石驮在大石龟背上，很是有趣。这是为什么呢？在古代龟是力量的象征，其力大无比，所以人们给它起了一个很高雅的别名，叫"赑屃"（bì xì），含有力大能负重的意思。这样，人们就把碑石的底座刻成龟的形状，寓意被歌功颂德的人或事声名不倒，于世永存。

龟确实是能够负重的，它的背甲和腹甲都是由角鳞板构成，坚如顽石。两甲之间，不是由韧带连接，而是一个无底无缝的壳体，加上背甲微呈弧形，这巧夺天工的"薄壳设计"，自然能经受住外来的压力。

捉一只乌龟试试看，用重物压在它的背壳上，或者干脆在背上站上一个人，乌龟背壳根本不会被压碎。说来还有一个有趣的故事：一次，驻扎在我国西沙群岛上的战士们在进行坦克演习，一只闭目养神的大海龟来不及躲闪，于是将头往龟壳里一缩，等十几辆坦克从它身上呼啸而过，那海龟竟安然无恙，伸出头又爬走了。

龟壳的厚度只有 2 毫米，它之所以能承受得起重物的压力，是因为龟壳的背甲拱形形状帮了忙。力学上有一条极有价值的原理：决定某一物体的牢度，除了构成物体的物质本身的强度之外，还有一个重要因素，那就是它的几何形状。什么样的几何形状最好呢？从接受外来压力的需要来说，凸曲面形最好。例如：乌龟壳、蛋壳、贝壳、螺壳以及某些植物的种子如椰子的外壳等，都是这样的形状。

在生活中，我们还可以留意到这样的细节，把鸡蛋在碗边上轻轻地一磕，鸡蛋就碎了，但是若将鸡蛋放在手心里，无论怎么使劲用力来握，它都是很难被弄碎的。因为这时候鸡蛋的外壳是均匀受力，各个部位经受的力都是差不多相同的。英国皇家空军飞行员曾对鸡蛋受力做过一个有趣的试验：把直升飞机停在离草地 46 米的高空，向草地扔下 18 个鸡蛋，结果只破了 3 个。据国外资料介绍，当鸡蛋均匀受力时，可以承受 34.1 公斤的力呢！

同样，贝壳也是把受到的外力向周围扩散。凸曲面之所以特别坚固，是因为凸曲面能把外来的力，沿着曲面均匀地分散开来。原来表面上看起来很薄的东西，却能够承受很大的压力，这样在很大程度上就避免了弯折现象。

根据这一原理，人们在建筑设计时，就模仿了龟壳、蛋壳、贝壳等薄而耐压的特性，产生了建筑上的薄壳结构。

由于薄壳结构能跨越几十米甚至几百米的跨度，同时给建筑内部留出不被割断的大面积实用空间，因此，在建筑设计，特别是大型空间、场馆的设计中，被广泛应用。

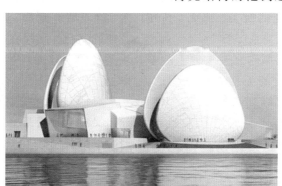

形似贝壳的珠海歌剧院

蛋壳造型的巴伦西亚海洋公园主馆

堪称欧洲第一的巴伦西亚海洋公园主馆的设计，外型像几个连在一起的白色蛋壳，形成一个波浪式的薄壳建筑。它的设计师费力克斯·坎德拉那，通过研究蛋壳和牡蛎的几何型外观后，发现线条纤细的波浪式能使空间扩大，于是就设计了这座建筑。

北京火车站大厅、北京网球馆的屋顶、天津博物馆以及北京奥运会的场馆建设，都给薄壳结构提供了一个理想的展示平台。

薄壳结构的范例还很多，如德国耶拿斯切夫玻璃厂的厂房，是一个典型的圆形薄壳结构，直径为40米，壳厚只有60毫米，采用钢筋混凝土为建筑材料，厚度与跨度之比为1∶667。

如今，随着建筑科技的进步，薄壳结构已演化成今天的网壳结构。这种结构受力合理，刚度大，重量轻，造价低，结构形式新颖，建筑构件可工业化生产，既提高了生产效率，降低了成本，又保证了安装精度。

映日荷花与建筑

炎夏时节，正是荷花盛开的季节。你看那圆圆的荷叶，亭亭玉立；娇艳的荷花，展蕊怒放，给人以多少遐思。"接天莲叶无穷碧，映日荷花别样红。"这是诗人对荷花的赞美。那么，荷花与建筑又有什么关系呢？

说来有趣，那屹立在大地上的亭子，就是建筑业的先祖鲁班发明的。一日，他看到碧绿如盖的荷叶，人们折它用来遮阳，还有的用它来挡雨。为此他受到启发：何不用木头做一个像荷叶能遮阳挡雨的房子。于是他找来工匠，立了四根柱子，把顶盖做成尖顶式，覆上茅草或屋瓦，亭子就这样做成了。后来，他又突发奇想，如果这亭子能收拢起来，随意携带，那该多方便啊！于是又发明了伞。

在我国，荷历来就受到人们的喜爱。荷有和睦、和谐、和美等含义，所以在一些传统建筑中，常有荷花的图案。如墙壁上的荷花砖雕，石头刻制的荷花柱础、门礅，悬于空中的荷花柱头，技艺精美的镂空门板，还有荷花图案的匾额等。如山西乔家大院门楼上就挂有一块木头雕刻的巨型荷叶金字匾额，显得富贵高雅。

在印度新德里，有一座灵曦堂，它的设计就是从荷花上得到灵感。灵曦堂形状酷似一朵含苞欲放的荷花，建筑由 27 片无支撑的大理石贴面"花瓣"构成，这些花瓣被排成三层九面，还有九个清水池。九个面共有九扇门，通向一个中央大厅，中央大厅可以容纳 1300 人。顶尖至地面高度 34.27 米，外表明亮耀眼，看起来就像一朵美丽的莲花，漂浮在印度首都郊外这块圣洁的土地上，每年吸引着 250 万以上的参拜者。

然而对于现代建筑师来说，仿生建筑又成为新的课题。那硕大的荷叶，直径一般在 40～50 厘米，而支撑它的细茎，断面直径不过 1.5 厘米左右，两者的比例几乎是 500：1，风吹雨打，并不折断，不得不令人叹服。

这里有什么样的秘密呢？原来，荷叶的叶茎呈多孔状，纤维长，形成群管的结构，从茎伸出放射形的叶柄（即肋梁），这种梁、板、柱形成的结构系统就能顶住风吹雨打。

基于这种优点，人们仿照荷叶的结构形态，建造出了一种新的建筑形体——柱顶楼盖。这种结构较早应用于 1936～1939 年修建的美国约翰逊制蜡公司总部的办公厅。

这是一个低层建筑。办公厅采用了钢丝网水泥的圆锥形柱子，中心是空的，由下而上逐渐增粗，到顶部扩成一个圆盘，许多这样的柱子排列在一起，在圆盘的边缘相连接，看上去就像一个"荷林"。其间的空档加上玻璃覆盖，就形成了带天窗的屋顶。四周的外墙用砖砌成，并不承重。外墙与屋顶相连的地方，有一道用细玻璃管组成的长条形窗带。这座建筑的许多转角部分都是圆的，墙和

似白莲花瓣的印度新德里灵曦堂

窗子平滑的转过去，组成流线型的横向建筑构图，成为名噪一时的奇特建筑，其设计者赖特和约翰逊制蜡公司也因这座建筑而闻名于世。

如荷叶覆盖的美国约翰逊制蜡公司屋顶

此外，英国温泽市政府大厅在建造时也采用了这种柱顶盖形式。建筑师莱伊恩巧妙地设计了只有一根柱子支撑的大厅顶板。后来，世界各地的建筑专家和游客云集于此，参观游览，

当地政府将这座建筑作为一个旅游景点对外开放，旨在引导人们崇尚和相信科学。

提起荷花的叶子，它还有防水和自洁的功能。原来在荷叶的外表层布满了无数个微米级的蜡质乳突结构。用电子显微镜观察，可以看到在每个微米级乳突的表面有附着许许多多与其结构相似的纳米级颗粒，科学家将其称为荷叶的微米纳米双重结构。正是具有这些微小的双重结构，使荷叶表面与水珠儿及尘埃的接触面非常有限，因此就形成了水珠儿和灰尘在叶面上不能留存的现象。难怪"荷花出淤泥而不染。"

根据这一原理，科技人员已研制出了一种新型建筑材料——纳米荷叶玻璃，这种玻璃的安全性、自洁性、憎水性极强，且表面涂有纳米膜，具有防雾和防尘的功能。

此外，科学家还从荷花叶子的特殊结构中得到启发，发明出一种新的建筑涂料，涂在高楼外墙上，晴天不沾灰尘，下雨不沾雨水，让高楼永远保持清洁，比贴瓷砖效果还好。

可见，荷花与建筑的关系远比想象的要亲密。

话说人体与建筑

人体是最美的自然形态，历来受到人们的关注。那么，人体与建筑之间又有什么关系呢？

早在公元前 6 世纪，古希腊的建筑家、雕刻家就认识到人体与建筑的关系，并用秀雅的女郎雕像当柱子，用健壮的裸体男像做承重构件。大约在公元前 420 年左右，希腊雕塑家波利克列塔斯对人体美的比例做过毕生的探索，并为此写出一本叫《规范》的书。书中提出，人体如果以人的头长为一个单位，那么，其身体的全长应以 7 个头长为最美。到公元前 344 年左右，雕刻家立西波斯将其定为 1：8，认为 8 个头身的人体是最美的。到公元前 1 世纪，罗马著名建筑家维特鲁威在其《建筑十书》中说，人体是最美的。人体各部分的比例是四指为手掌的宽度，二十四掌为人体的总长，并把这个比例应用到建筑学上。他说比例是在一切建筑中取得的均衡的方法。这方法是：从细部到整体都服从于一定的基本度量单元，即与身材漂亮的人体相似的正确的肢体配称比例。

为了探索人体美的规律，欧洲文艺复兴时期的巨匠达·芬奇曾做过深入研究，他追根溯源，认为早在公元前 6 世纪，古希腊的数学家毕达格拉斯，就提出数是一切事物的原理，从数出发解释一切。最后和他的学生们发现了黄金分割率，并把这个原理运用到雕刻、建筑中去。

所谓黄金分割率，就是把一根线分为两部分，使其中的一部分对于全部的比，等于其余一部分与这部分的比。黄金分割后，短的部分与长的部分的比例为 1：1.618。

通过观察比较和测量证明，世界上所有有形的、使人能产生美感的人或事物几乎都符合或基本符合这个比例。山石、树木以及埃及的金字塔、巴比伦的伊斯塔尔门、巴黎圣母院等都是如此。

黄金分割率来自希腊，但出于生理和心理的共性，在长期的创作实践中，我国也总结有类似的规律。法国人路易十四开始穿高跟鞋，使身体变得修长俊美，我国满族妇女穿木底鞋，目的也是把下肢加长，使得身材更加苗条。在建筑雕塑领域，我国在清乾隆十三年（公元 1748 年）刊印的《造像度量经》，就提出了塑工把佛像划分很多比例格，并附歌诀。方法是以手指作度量单位，由佛顶到肚脐为 49 指，由肚脐到莲座底为 80 指，两者高度之比是 80/49＝1.632，与黄金率接近，可见我国在艺术领域与西方人多么合拍。

西安的大雁塔是唐代建筑物，始建于公元 652 年，其比例也符合美学原则。其西门楣石刻"说法图"所画佛殿正立面高宽比是 1.58，佛像趺坐也与立像上身比例一致，都接近黄金率，这也说明我国与世界文化的同步。

最早将人体美赋予建筑的是古希腊建筑家。希腊人从男子躯体的比例、强度、力度美获得了灵感，创造了独具特征和影响的柱式。雅典卫城建筑主体

伊瑞克提翁神庙的女郎雕像柱

就是绝美的典范。希腊柱式分为三种。多利克柱式的柱子没有柱础，柱身是圆的，很粗壮，柱身上有 20 多个凹槽直通上下，外廓呈很精致的弧形，像是有弹性的饱满的男性肢体，很有生气；爱奥尼亚柱式有柱础，柱身比多利克式纤细多了，高度是底面直径的 9 倍，柱身有 24 个左右的槽，垂直线条密而柔和，像纤纤少女有褶皱的裙装，显得轻灵优雅；第三种叫科林斯柱式，模仿少女的纤柔身态，柱头装饰典雅，向上翻卷的冬草叶，像女性烫卷的头发，美丽华贵。

这些柱式分别用在卫城和其他各地建筑上。2008 年北京奥运会采集火种仪式在希腊奥林匹亚举行，那亭亭玉立的最高女祭司和同伴们，身着乳白色的传统连衣长裙，加之线条优美的褶皱，多么酷似身后古建筑的柱身。就连女祭司在奥运圣火交接仪式上，熊熊燃烧的圣火盆下的基座，也是古典的希腊柱式形状。人体和建筑衬托得如此完美。

然而真正将人体雕像作为廊柱的是古希腊人皮泰欧。公元前 5 世纪，他和伊克提诺等建筑师在建造伊瑞克提翁神庙时，大胆将人体形象融入建筑。这座建筑长 23.5 米，宽 11.63 米，分为东西两部，因地形限制，东部比西部高出 3 米，出现了一个断坎，建筑师在这里建了一个柱廊，使整个建筑连为一体。这柱廊有 6 根高 2.1 米的柱子，正面 4 根，左右 2 根，这 6 根柱子竟是 6 尊用大理石雕刻成的少女雕像，头顶花边屋檐和天花板，个个端庄秀美，栩栩如生，衣着服饰逼真，让人惊叹，成为建筑史上的奇迹。

宛若帆船的悉尼歌剧院

在澳大利亚，有一座设计新颖奇特，造型精美绝伦，外表宏伟壮丽的白色建筑，这就是著名的悉尼歌剧院。

悉尼歌剧院位于悉尼海湾的一个小半岛上，东西北三面环水，整个建筑长 183 米，宽 118 米，建筑总面积 8.8 万平方米，占地 1.84 公顷。悉尼歌剧院外观为三组巨大的壳片，第一组壳片在地段西侧，四对壳片成串排列，三对朝北，一对朝南，内部是大音乐厅。第二组在地段东侧，与第一组大致平行，形式相同而规模略小，内部是歌剧厅。第三组在它们的西南方，规模最小，由两对壳片组成，里面是餐厅。其他房间都巧妙地布置在基座内，建筑的入口处在南端。

由于悉尼歌剧院所处的地理位置极其特殊，大海、蓝天、陆地，优美的环境与举世无双的建筑融为一体，充满了诗情画意。远远望去，高耸的尖顶屋体，既像矗立在海滩的洁白贝壳，又像盛开在水中的洁白莲花，又像漂浮在海上的巨型帆船。在蓝天、碧海、绿树的衬映下，悉尼歌剧院更显得婀娜多姿、轻盈皎洁。这座建筑已成为悉尼的象征和标志。

悉尼歌剧院始建于 20 世纪 50 年代。1955 年 9 月，当地举行世界范围的歌剧院设计竞赛。这次竞赛共收到世界上 32 个国家的 233 位建筑师的设计方案，最后选中丹麦建筑师伍重设计的图纸。按照他当时的想法，他的设计理念，既非风帆，也不是贝壳，而是切开的橘子瓣。一天，他正在苦苦思索着设计方案，妻子递给他一个橘子，他漫不经心地用小刀在橘子上划来划去，无意中，橘子被划开了。当他回过神来，看着一瓣一瓣的橘子，一道灵感在他脑际划过。"啊，方案有了！"普通的橘子触动了一个科学原理：球体网割弧线分割法。伍重也从中确定了悉尼歌剧院的外观造型。他设计的方案被选中，又一个"安徒生童话"将在南半球的异域上演。

说起伍重方案的夺魁，还有一番曲折的经历。最初他的设计方案并没有被选中，而挑选了另外 10 个方案。然而，事物总是这样富有戏剧性，因故而姗姗来迟的评委会主席——美国著名建筑师沙里宁在看了 10 个评选出来的预选方案后觉得都不满意，又回过头从淘汰的 223 个方案中挑选，最后，看中了伍重的设计方案。在他看来，伍重的设计方案只是一个草图，但很有特色，若能实现的话，必将成为伟大不凡的建筑杰作。在沙里宁的极力推荐下，伍重的设计方案终于得到了评委会的一致赞同，并被澳大利亚政府批准实施。

悉尼歌剧院 1959 年 3 月动工，1973 年 10 月建成，前后共用了 15 年时间。起初，这座经典的建筑设想将那些巨大的壳片做成钢筋混凝土的薄壳结构，由于如此大的跨度，遇到了一系列相当复杂的技术难题，原来的设想无法实现。后经过深入研究，最终决定用传统的拱形结构。这就是将每一个壳片划分成为一条钢筋混凝土的肋券，再分段预制，然后将其组合成整体。这样既减少了施工的难度，又将全部壳片改为同样的曲率，使每一个壳片都相当于假设半径为 76 米的圆球表面的一部分。研究和设计这些壳片的结构用了 8 年时间，施工也费时 3 年多。

这座风帆式的建筑并非一帆风顺。1966 年，悉尼歌剧院的主体结构已经完成。就在工程继续施工过程中，由于当地政府财政困难，要压缩建设资金，不采用伍重的内部空间设计方案，但追求完美的建筑师无法接受这一意见，愤然辞职离开了澳大利亚。后来工程由 3 名澳大利亚建筑师合力完成。自伍重离开后，他再也没有亲眼看到这座轰动世界的建筑。

令人称奇的是，就在悉尼歌剧院建成 30 年后，2003 年 85 岁的伍重获得了普利兹克建筑学奖，这个被誉为建筑学"诺贝尔奖"的普利兹克，是对建筑大师伍重和他作品的最终承认。

悉尼歌剧院是建筑科技与建筑艺术、实用价值与审美价值统一于一体的杰作。它的建造是人类智慧超常发展和创新精神的结晶。歌剧院壳体最高处距海平面 67 米，相当于 20 多层楼高。主体层顶由 2194 块重 15.3 吨弯曲形混凝土浇筑件拼接而成，形成 10 个贝形尖顶壳。壳外覆盖着 105 万块白色或奶油色的瓷砖。

2007 年，悉尼歌剧院被联合国教科文组织列入世界文化遗产，堪称 20 世纪世界上最美的经典建筑之一。

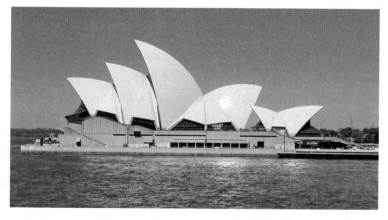

形似帆船的悉尼歌剧院

形似天鹅的天津博物馆

天鹅被誉为圣洁美好的象征。它洁白的羽毛，长长的脖颈，展翅飞翔时那优美的动作，都给人们留下了美好的印象。一只天鹅就是一首诗，一只天鹅就是一幅画，那一座座形似天鹅的建筑更是一部美妙的天鹅湖交响曲。

在美丽的海滨城市天津，新世纪之初要建一座博物馆，招标的大旗一挥，就有国内外12家设计单位送来了方案，经过专家筛选，最后日本建筑师川口卫设计的方案——"天鹅"破壳而出。当时，川口卫的设计方案，只不过是一幅画在纸上的天鹅雏形，而要将这神似天鹅独特造型的图案，变成一座具有仿生原理的现代建筑，还需要做进一步的修改完善。

天津的建筑师们认为，21世纪是中华民族腾飞的世纪，腾飞这个"飞"字，让他们想到飞翔这个概念，于是把展翅飞翔的天鹅这个骨架提取出来，然后再把它完善成一个整个博物馆的建筑物。在天津大学、天津建筑设计院联合川口卫等国内外设计师的共同努力下，形成了以现代浪漫主义思维理念，引用仿生学原理，借鉴天鹅自然合理的骨架结构，造型酷似巨大而优雅的天鹅，给建筑外形和城市景观以生命的活力，从而使天津博物馆的外观与周围环境优美和谐地融为一体，成为天津重要的标志性建筑。

天鹅外形的天津博物馆

天津博物馆位于天津市东河区友谊路以东，建筑总面积3.14万平方米，为预应力钢筋混凝土网架薄壳型结构，设计高度为34米，内为三层，设有陈列室、藏品库区、技术及办公区、观众服务区及设备区等五大功能区，整个博物馆可容纳12000人。该馆从2001年11月开工到2004年12建成，共用了3年时间，其速度也可用"飞"来比喻。

天津博物馆横向跨度186米，接近一个普通田径场的超大跨度，这么大的跨度在过去是无法完成的。悉尼歌剧院当初建设时也设计用薄壳结构，但由于当时技术条件的限制，这座经典的建筑，最终还是依靠传统的拱形结构才得以完成。几十年后的今天，由于建筑科技的发展，各种各样造型的薄壳结构都可以做出来，所以天津博物馆这座造型别致的建筑才得以顺利完成，并达到了使用最少的材料，营造最大使用空间的目的。

天津博物馆的天鹅型设计，建筑师们是费了一番心思的。大家知道，天鹅通常成双成对，漫游于碧波之上或展翅于山海之间，如果一只意外死去，另外一只就会在它身旁哀号数日，最后随它而去，人们常把它比喻为忠贞不愈的象征。而天鹅足踏溪浪，欲飞冲天的那一刻，让人们体会更多的是希望与力量。它们成双成对的一起飞行，展翅缓慢而有力，设计师们就截取这一瞬间，并把这种希望展现在天津的土地上。同时，天鹅展翅时，那充满力量的骨架形态，也为天津博物馆建筑结构的力学原理提供了灵感。设计师们就是按照天鹅展翅飞翔的骨架形态，设计出了受力的钢梁，撑起了这座庞大建筑的身躯。

不仅如此，天津博物馆还展示了设计师从大自然吸取的灵感和建筑新科技的应用。按照国家技术规范，这样大的建筑物表面，每隔 55 米就必须设置一个温度收缩缝，用来克服季节更替带来的热胀冷缩效应，但这必然会让建筑的外观受到影响，同时这种传统的方式也要适应现代建筑的仿生理念。

为此，天津大学的专家们在深入

天津博物馆内景

研究的基础上，一种独创性的可"呼吸"大跨度空间结构系统最终形成。这种来源于自然的建筑技术，成功取代了温度收缩缝的作用。

形象地讲，当受到温度作用、温度变化的时候，整个结构体系会均匀的向外伸长，或者均匀地往回收缩。这就像人的肺一样，一个呼，一个吸，形成一个可"呼吸"的结构系统，使整个建筑的结构可以相应的自由收缩，轻微转动，从而实现建筑的"呼吸"功能，并且还可以在一定程度上消除地震等外力带来的影响。

天鹅博物馆从里到外，体现了一种自然的美，一种生命的律动。博物馆的旁边是有一个直径 126 米、面积约 1 万平方米的天鹅湖，湖水碧蓝，将人们带到一个历史与现实交相辉映的神奇世界。

堪称奇妙的有声建筑

北京天坛的回音壁

北京的天坛，是举世闻名的旅游胜地，它因其宏伟庄严的建筑艺术和优美的环境，被联合国教科文组织列入"世界文化遗产"名录。

祈年殿是最雄伟的建筑，它呈圆形，是一座鎏金宝顶的三重檐大殿，因天空是蓝的，三重檐所铺琉璃瓦也是蓝的，以此象征苍天为上。旧时每年皇帝都要在这里举行祭天仪式，祈祷风调雨顺，五谷丰登。

在祈年殿的南部，有一座重要的建筑，这就是皇穹宇。它用砖木建成，单檐蓝瓦，殿顶也有鎏金宝顶，殿下有台基和汉白玉栏杆。远远望去，就像是一把金顶的蓝伞，高撑天空，非常美丽。在皇穹宇的四周有一道圆形围墙，形成一个圆形的院落，围墙就是令人神往的回音壁。

这道墙是用磨砖对缝砌成的，做工精细，表面平整光滑，弧度十分规则，是一个很好的声音反射体。当两人站在围墙内不同的地点，贴墙讲话时，由于声音在墙面连续折射，不断传播，且声能很少被吸收，所

美丽的天坛祈年殿

以两人就可以相互清楚地听到对方的声音，就好像声音是从附近传来的一样。

这里有一个有趣的故事：1973 年11 月 12 日，时任美国国务卿的基辛格来华访问，这是他第二次来北京，在当时外交部副部长乔冠华的陪同下，又到天坛游览。导游向基辛格解说了回音壁的传声现象和原理。他很好奇，请乔冠华站在置放日月星辰牌位的东配殿后，自己走到祭拜风云雷雨的西配殿后，紧贴着墙壁，向北与乔对话。当他听到清晰的回音时，便对从东边走过来的乔冠华说："这里的墙砖，像无线电一样，能够传声。我能不能带一块砖头回国，就用它跟你建立热线联系？"潇洒的乔部长听了开怀大笑，逗得在场的人也大笑不已。

这里除回音壁外，还有"三音石"等有趣的建筑声学现象。从皇穹宇的台阶下向南数第三块石头，这就是"三音石"。站在这块石头上拍一下手，就可以听到三

次甚至更多次击掌的回声，这是怎么回事呢？按传统的解释这是由于击掌声被圆形围墙多次反射回来的回声产生的，因三音石与回音壁的距离是32.5米，声音发出到回音壁墙壁面反射回来的回声，每次走过的都是65米，因此，回声的时间特点应是二声回声时间间隔相等的。回声的声强特点，根据球面波的衰减规律，三声回声应一声比一声弱，但是科学家对此经过仪器测得结果是，三声回声时间间隔是不等的，而回声强度也不是从开始就递减的，而是强、更强、弱。

游人在回音壁前对话

这是为什么呢？因为在第一个回波中，击掌后记录到的时间是103.7毫秒，此波走的路程是34.88米，离三音石一半路程的反射物就是东西配殿，东西配殿的前墙到三音石中心的距离为17.3米，所以可以认定，第一个回波是由皇穹宇的东西两个配殿的墙和墙基反射回来的声音形成的。而第二个回波才是真正的回音壁墙面第一次反射声音汇聚而成的。由于声音的会聚，这个回声强度就显得最强。根据测试数据得知，它是击掌后191毫秒记录到的回波，此波声的路程应是64.5米，反射物离发声中心距离应为32.13米，而回音壁的半径为32.5米，所以认定，回声为回音壁墙面第一次反射声音，反射面很大，反射强度也就最强。第三个回波是由回音墙面第二次反射的声音汇聚而成的。由于是

再次反射，声音较前面两个回波较弱些。

有趣的三音石讲完了，那么"二音石"又在什么地方呢？它就在三音石的北面，就是紧连着的那块石板。站在这里击掌会有两声回音。根据仪器测定，二音石的第一个回声，是击掌后100毫秒听到的回声，通过计算声波所走的路程约34米，这个回声显然是由东西配殿墙壁面发射回来产生的。而第二个回声是击掌后380毫秒所听到的回声，其路程约为130米，它约为回音壁圆墙半径32.5米的4倍，声音走的是钝角三角形的路线。声音第一次出发，走了一个半径路线，经圆墙反射后又到达对面的圆墙上，走了一个直径路线，最后再经过一个半径路线的反射，回到原处，这就是二音石的回声原理。

天坛的声学原理早在500年前就被我国工匠所运用，充分显示了我国古代劳动人民在建筑声学方面的聪明才智。

圜丘坛的声学原理

游览完音壁后，由皇穹宇向南走，在天坛的南部，还有一处建筑物叫圜丘坛。这是一个露天三层石筑圆形平台，每层四周围有石栏杆和栏板，外围有两道蓝色琉璃瓦矮墙，墙身涂朱。第一道圆墙叫内，第二道方墙叫外，象征"天圆地方"。圜丘坛内的主要建筑有圜丘台，圜丘台又称祭天台、拜天台，是圜丘坛的主体建筑，天坛即因圜丘而得名。

圜丘坛是明清两代皇帝冬至祭天的神坛，建于明嘉靖九年（公元1530年），当时为三层蓝色琉璃圆坛。清乾隆十四年（公元1749年）扩建，并改蓝色琉璃为艾叶青石台面，汉白玉柱栏。圜丘为圆形汉白玉须弥座石坛，3层，通高5.17米。上层坛高1.87米，坛面直径23.65米，中心有天心石，环天心石有9重石板，每重石板用9块或9的倍数块，合计有石板405块。中层坛高1.63米，坛面直径39.31米，也铺以9重石板，计1134块。下层坛高1.67米，坛面直径54.91米，同为9重石板铺墁，石板数为1863块。圜丘东西南北各个方向皆有出陛，各层出

圜丘台俯视图

陛台阶皆为9级。圜丘雕饰多为龙饰，望柱柱头雕以盘龙，出水饰螭首，而各层须弥座间则雕以雷纹、缠枝莲纹。

据神话传说，皇天上帝是住在九重天里，用9或9的倍数来象征九重天，以表示天体的至高与至大。在我国古代把奇数视为阳数，而将偶数视为阴数。天为阳、地为阴。天坛是用来祭天的，只能用阳数进行建筑。而"9"又被视为"极阳数"，这是最吉祥的数字。象征"天"数，所谓九重天。除了以天为大的因素外，这种设计规制，也反映出当时工匠们高超的数学知识和计算才能，实在令人叹服。这是中国古代将数学用于建筑的典范。

圜丘台是一个更加神奇和充满诗意的地方。这便是那块顶层中心的天心石。你别以为它是一块普通的石头，而是一块非常奇妙的石头，当四下无声，庄严肃穆的时刻，你站在这圆心石的中央，仰天自语，便会有从天而降的回声萦绕在你的耳边，仿佛天上有与你心灵相通的神只与你沟通，那

分庄严,那分神秘,让你不禁感动,甚至不由激动得潸然泪出。

过去,皇帝每年祭天时,都提前做好准备,不管耗费多少人力物力,亦在所不惜。如:对天坛内各种建筑及其设施,进行全面的大修葺。修整从紫禁城至天坛皇帝祭天经过的各条街道,使之面貌一新;祭前五日,派亲王到牺牲所察看为祭天时屠宰而准备的牲畜;前三日皇帝开始斋戒;前二日书写好祝版上的祝文。上层圆心石南侧设祝案,皇帝的拜位设于上、中两层平台的正南方。圜丘坛正南台阶下东西两侧,陈设着编磬、编钟、镈钟等十六种,六十多件乐器组成的中和韶乐,排列整齐,肃穆壮观。

祭天时辰:为日出前七刻,时辰一到,先鸣钟,后击鼓,大典正式开始。此时,圜丘坛东南燔牛犊,西南悬天灯,同时在各个燎炉焚烧松柏木、檀香木,香烟缭绕,火光可以照亮全坛,给人以一种非常神秘的感觉。站在圜丘坛最上层中央的圆石上面即使小声说话,却也显得十分洪亮,并立即从四面八方传来回声。传来的回声与原声汇合,则音量加倍。

天坛建筑的艺术特色,主要表现在声学、力学、美学原理的巧妙运用和精心设计上。站在圜丘坛上层中央

天心石及栏板

的圆心石上发声说话,会从四面八方传来悦耳的回音,仿佛是要唤起人们意识上的一种神秘感觉,使人的整个心灵都沉浸在声响幻境中。这其中的奥秘何在呢?

这是因为圜丘坛天心石的位置,正是圜丘坛的中心。石坛的坛面非常光滑,声波得以快速地向四面八方传播,周围砌有三重石栏,石坛以外设了两道围墙。从圆心石上发出的声音传到四周的石栏和围墙受阻以后,就同时从四周向圆心石反射回来。由于从圜丘坛半径再折回的时间,总共只有 0.07 秒,说话的人几乎无法辨出原音与回音,而且因为回声是从四面传来,声波震动较大,所以听起来既十分洪亮悦耳,又连续不断,好似众人齐鸣,一呼百应。

圜丘台是天坛建筑的一处声学杰作。圜丘台,曾经给了帝王一个祈求国泰民安,与天对话的场所;今天也为普通人,提供了一个倾诉自我心语的场所。那么就请来吧,带着你的家人、朋友,走向天心石,向大地天空倾诉,发出你的心灵誓言,道出你的人生梦想。有天空和大地作证,有耕耘就会有收获。

莺莺塔的蛙声之谜

位于山西省永济蒲州古镇上的普救寺，因我国元代王实甫的文学名著《西厢记》里的张生与崔莺莺的爱情故事就发生在这里，故而闻名于世。

普救寺始建于隋唐，原是一座佛教十方院。据方志记载，此寺原名西永清院，五代时河东节度使李守贞作乱，后汉刘知远遣大将郭威讨伐，围蒲州城一年有余，当地百姓叫苦不迭。郭威召寺内僧人讨问良策，高僧曰："将军若发善心，城即克矣！"郭威当即折箭发誓，第二天果然城破。郭威恪守誓约，一人未杀，使满城百姓得救，该寺因此更名为"普救寺"。

莺莺塔

普救寺内有一座著名的建筑，这就是舍利塔。"待月西厢下，迎风户半开；隔墙花影动，疑是玉人来。"因张生与崔莺莺在这塔下幽会，这座舍利塔也就成了他们二人爱情的见证。于是，后人就称此塔为"莺莺塔"。

莺莺塔为平面方形，共13层，高约50米，叠涩出檐，高大雄伟，清秀挺拔。向南辟门，内为方室，室内后壁有一佛龛。第一层塔室不设楼梯，从二层到九层，塔壁间有转角通道，内设台阶，游人可盘旋而上。该塔曾毁于1555年的强烈地震，史称"地陷蒲州"，寺内建筑荡然无存。明嘉靖四十一年（公元1562年），重修莺莺塔，立碑石以志，并保持了原唐塔的风格，其外观与西安的大雁塔如出一辙。

当地有首民谣："普救寺的莺莺塔，离天只有丈七八。站在塔顶举目看，能见玉帝金銮殿。"这说明塔的高峻。天气晴朗之日，若登塔远望，涛涛黄河尽收眼底，山川平畴一览无余，大有孤高耸天之感。

莺莺塔不仅有美丽的爱情故事，而且建筑精巧，数百年来一直以其独特的声学现象蜚声于世，是我国古代建筑中现存的四大回声建筑之一，被誉为世界奇塔。

"游人击石地，蛙鸣贯长空。"莺莺塔的这一声学效应，一直为人们所称道。如此神秘的回声现象，还有更绝之处。据说，夜深人静之时，如有人在数百米之外窃窃私语，塔内的人可以听得清清楚楚。这不禁使人产生了一种联想：当年张生与崔莺莺在既没手机又无网络的情况下，是否靠这声音联络感情呢？

普救寺的蛙声的确是非常迷人的，在塔畔有一击蛙台，人们在此用石击之，塔身会发出"咯哇"、"咯哇"地鸣叫，恰似青蛙在声声作响。多少年来，这一回声现象一直是个谜，谁也解释不清楚。因而"普救寺"被涂上一层神秘的色彩，并由此产生了不少有趣的传说。相传当年建塔时，工匠们在塔内安放了两只金蛤蟆，游人以石击地，便可听到两声蛙鸣。后来，一只金蛤蟆被人盗走，人们现在击石只能听到一声蛙鸣了。

塔的回声现象很奇特，因所处的位置不同，其声音也不同，在塔下15米处拍手或击石，听到的声音似从塔底传来的蛙鸣声，好像金蛤蟆就在塔底下。若距塔20米处击石，这声音又像是从塔顶发出的，好像金蛤蟆爬到塔顶上。

莺莺塔下的击蛙石

莺莺塔的"哇声"已被人们发现了几百年，它为什么会产生这种奇异现象呢？这其中的奥秘只有当今的科学家才能揭开。从1986年起，随着普救寺的全面修复，当地政府与山西大学、西安交通大学、黑龙江大学和中国科学院声学研究所等单位联合，首次对这座世界奇塔的声学现象进行了多学科、全方位的科学考察，并对其声学效应进行了录音测试和频谱分析，弄清了它的声学机理。

普救寺莺莺塔产生回音的原因，主要有三个方面：一是特殊的地形地貌。莺莺塔所外的地势较高，而四周平坦又无障碍物，它可接受大范围内传来的声波。二是特殊的建筑结构。该塔共有13层，各层塔檐由十多层青砖逐层向外延伸而叠成，这一特殊结构使塔檐的内表面形成了具有一定内凹形的粗糙表面。其上的每个尖角都是入射声波的散射体，散射的声波叠加在一起形成了回波，其波形和声谱与自然界中的青蛙叫声信号十分相似，因而使人耳的听觉十分自然地产生了蛙声的感觉。三是特殊的建筑材料。莺莺塔身和塔檐全部用青砖叠砌而成，由于黄土高原风沙长年累月吹拂，青砖表面光滑，犹如涂上了薄釉料，对声波反射系数高达0.95～0.98，传来的声波，几乎被全部返回。莺莺塔奇特的声学现象由此形成。

吟诗坛的回声之趣

在西安南郊，风景秀丽的曲江池畔，有一座吟诗坛，它就坐落在唐城墙遗址公园内。吟诗坛是由石头砌筑的一个圆形建筑，类似于回音壁的构造，由两道环形墙组成。吟诗坛直径为 30 米，中间的圆形吟诗台，直径 8 米，台面光洁如镜，是一个无顶棚的露天开放式石壁建筑，恰似一座天坛，只是天坛中间突出，吟诗坛中间凹下，而且有围墙包围。站在中心点的吟诗台上放声朗诵，声音宏大嘹亮，犹如安上了扩音机。

吟诗坛的回音功能特别明显，当你面对墙壁，吟诵诗文，发出的声音就会被放大，很有趣味。吟诗坛又像一只巨大的木桶，四周圆墙耸立，站在里面即使窃窃私语，也能回音四起。喜欢歌唱的人来此练嗓子，是一个绝佳的境地，不用话筒，也会收到带音响的效果。若站在中心点的圆台上拍拍手，回声会响个不停。

吟诗坛墙高 3.6 米，厚 0.5 米，外墙周长 140 米，内墙周长 100 米。两道

吟诗坛内部结构

环形石壁共雕刻有各种书法体的唐诗88 首，书法爱好者到此可以一饱眼福，不虚此行。若品读唐诗或大声吟咏，更是一种绝妙的享受。

2009 年 5 月，中国第二届诗歌节在西安举行，西安市各区县的 13 支代表队、30 多所学校约 300 人参加朗诵，这个以"诗满长安春相约"为主题的中小学生朗诵活动，使吟诗坛成了诗的盛会，歌的海洋。同学们朗诵的声音在吟诗坛通过回音壁的放大，更加洪亮、饱满，让在场的人无不为之震撼。

吟诗坛的回音效果是设计者深谙建筑声学的传声原理，特意建造的一座声学建筑。由于吟诗坛中间低，外围有高大的围墙，而且全由石材砌成，表面光滑平整，弧度柔和，有利于声波的规则折射。加之吟诗坛内部呈台阶状，围墙又高，这样就使声波不会散漫地消失，造成了吟诗坛内音量放大效果。

像这样具有回音功能的现代建筑我国还有，北京奥体中心就是一例。

由北京市中心向北延伸至中轴线的起点上，建筑师传承了历史的文脉，将奥体中心场内主次轴线与环形道路组合，形成全区域的主要骨架，在弧形的总体布局下，各场馆围合成不相关联的群体，形成自由开放、富有活力的有机组合，与北京城市的总体格局相协调。这是一个充满着动感，不断向外辐射的建筑群，它的圆心在哪里呢？承担设计的北京市建筑设计研究院总建筑师马国馨说："当大家在这儿的时候就会发现，这地方有非常好的回音，除了设计者之外，知道这个地方秘密的人也不是特别多。这个地方正好是一个圆心，周围有许多相关建筑，我们又在这个圆心做了一个同心圆，做了各种各样的矮墙和建筑，有一种向心感，这样弧形布置以后，本身让人感到有一种动势。"

游泳馆和体育馆是奥体中心的两个标志性建筑，在这两个建筑不远处，就是总体弧形的圆心，人们站在圆心这个地方拍手，就会有很响的回音。这是设计者的有意为

音乐台整体布局

之，但知道的人却很少，若有兴趣的朋友不妨到此一游，感受一下这里建筑的回音之妙。

欣赏完北京的回声建筑，我们不妨再去南京看一下这里的另一座回声建筑。这处回声建筑叫音乐台，位于中山陵风景区广场东南侧。整个音乐台为钢筋混凝土结构。场地平面布局为半圆形。圆中心是舞台，高约3米，在半圆形圆心处设置一座弧形乐坛，两侧设有台阶与花棚衔接。在乐坛后面建有一堵很大的照壁，同北京回音壁原理相同，以汇集音浪。这座照壁就是音乐台的建筑主体。

音乐台观众席为扇形，而且是外围高中间低，具有很好的视觉和听觉效果，观众在这里可得到美的艺术享受。台周围绿草如茵、垂柳掩映、白杨参天。音乐台是一座纪念性建筑物，建筑布局为我国少见。

音乐台的建筑是中国传统风格与西方古典建筑风格相结合的一个范例。音乐台在利用自然环境，以及平面布局和立面造型上，充分汲取了古希腊建筑艺术的特点；而在照壁、乐坛等建筑物的细部处理上，则采用中国江南古典园林建筑艺术的表现手法，从而创造出既有开阔宏大的空间效果，又有精湛雕饰的艺术风范，达到了自然与建筑的和谐统一。

29

古代建筑的声学之妙

在我国古代，智慧高超的工匠们在长期的实践中积累了丰富的经验，掌握了声学与建筑的关系，并别具匠心地将音乐融入建筑之中，创造了许多妙趣横生的音响建筑。如高耸于大地上的佛塔，在每层飞檐翼角都悬挂有铃铎，并层层上升递进，犹如音阶步步升高，直至塔顶。这些挂在塔上的铃铛，风吹铃动，叮当作响，如琴声奏鸣，似轻歌吟唱，造成了可闻妙音遐思入神的意境。

又如在园林建筑中营造的流水潺潺、清泉叮叮、竹林啸啸、雨点涮涮……都是借助自然音响，增添了生气活力达到了情景交融的艺术意境。

河南陕县宝轮寺古塔，位于三门峡市黄河南岸陕州故城宝轮寺旧址上，建于金大定十七年（公元1177年），塔为13层叠涩密檐式砖塔，高27.2米。整个塔身自下而上逐层收分，外轮廓呈抛物线形。自第一层塔身以上每层开有半圆形拱券门龛和窗洞等。每层檐部均由塔壁上砌出拔檐砖一层，其上砌棱角相错的菱角砖2层，再上砌出5层或7层、8层、9层叠涩砖，檐

古建筑檐角风铃

上部砌反叠涩砖5层。塔心室结构奇巧，第2～6层塔心室为正方形，室顶砖砌四角攒尖形藻井。室壁设有脚蹬，可登至塔顶远眺"黄河远上白云间"的壮景。

宝轮寺塔外形似唐塔，内部结构承袭宋塔的建塔方法，融合了唐宋密檐式塔和楼阁式塔的艺术特色和结构形式，属比较特殊的塔形，是我国古塔中不可多得的典型范例。游人立于塔四周数丈，叩石、击掌，会听到"呱呱呱"的类似蛤蟆的叫声。叩石或击掌越响、越快，这种类似蛤蟆的叫声也越逼真、越响亮，所以宝轮寺塔又俗称为"蛤蟆塔"。

宝轮寺塔的声学机理与莺莺塔相似，都是塔的特殊结构所形成的。由于砖塔砌筑严密，对声波形成较强的反射面。再是各层塔的底面斜对地面，塔檐底面又略呈凹弧状，这种特殊的形状使声音产生了聚焦现象，因此当人们在塔旁拍手或击石时，就会发出响亮的回声。

重庆市潼南县大佛寺的石琴，俗

称回音阶。据《潼南县志》和大佛寺碑文记载，回音阶始建于唐代咸丰年间，到宋代建炎元年完成，历时250多年。石阶有42级，从江岸直排到山上，犹如一把巨大的石琴，每个阶梯犹如一根琴弦。游人由大佛阁右侧下半部的主洞口自下而上拾级而登，从第4级石阶，直到第19级石阶，凡步履触处"冬冬"作响，如古筝之悠扬，其音之清越，仿佛古琴在弹奏一曲美妙的乐章，故名"石蹬琴声"，这四个大字被刻凿于主洞石壁之上。更为奇妙的是，这些石价中第7级石阶音响最为清亮，且七步音阶各不相同，余音袅袅，声久不绝，令人神往，古人称为"七步弹琴"。

潼南石琴与宝轮寺塔、山西普救寺莺莺塔、北京天坛回音壁一起，并称我国古代四大回音建筑。现已成为我国宝贵的文化遗产，在世界建筑史、物理学史、声学史上亦属罕见，成为人类建筑艺术上不可多得的瑰宝。

潼南石琴台阶

为了揭开潼南石琴的音响之谜，我国科技工作者曾对其声学现象及其历史进行考察，运用物理学和声学的基本原理，对潼南石琴进行了实验测试，通过对其回声的波形、频谱进行分析，终于揭开了潼南石琴回声形成的机理。其中的秘密是：脚踏石阶产生强迫振动，在空气中形成声波，然后经过石阶下各种不同室形的若干反射面，并按一定的路线通过孔隙、缝隙释放出来，于是便形成了悠扬的琴声。潼南石琴的创造，是我国古代工匠聪明才智的表现，也反映了工匠们高超的建筑艺术。

河北省遵化县清东陵顺治帝孝陵神道上，有一座七孔桥，全长110米，宽9米，桥上有石望柱128根，抱鼓石4块，两侧安设有栏板126块。桥上每块栏板大小一样，形状相同，如果顺着桥栏敲击，就会发出叮咚的悦耳声。然而奇特的是，这声音有的清脆悠扬，有的浑厚低沉，有的犹如木鱼、钟磬发出的声音。我国古代声乐中分宫、商、角、征、羽五个音阶，所以人们把这座桥称为五音桥。

原来这座桥上使用的是质地不同的方解石，这种含有50%铁质的方解石，经过雕透镂空，能够发出不同的声响，神秘而有趣。

现代建筑的音乐之美

音乐与建筑本是两个完全不同的艺术领域，但它们之间却有着密切的内在联系。世界著名音乐家贝多芬就将自己创作的音乐和建筑联系在一起。他在创作第三交响曲即《英雄交响曲》时，曾受到过巴黎有关建筑的启示。他说："建筑艺术像我的音乐一样，如果说音乐是流动的建筑，那么建筑则可以说是凝固的音乐了。"德国著名的思想家歌德也曾说过："建筑是凝固的音乐，韵律是流动的建筑"。

当然，这只是从凝固不变的建筑中得到的流动音乐的感受。建筑中的高低起伏、错落有致，使人联想到了音乐的强弱高低、重复变化，它们两者之间不仅仅是凝固与流动之分，而是有着密切的关系。今天，随着科学技术的发展，许多建筑竟真的能奏出音乐来。

在法国巴黎市郊一片秀丽的园林中，建有一座精巧的音乐亭子，建筑典雅，景色宜人。亭子地板由一块块形如棋盘的方格组成，每个方格都有标志，表明它能奏出的音阶。当人们步入亭内脚踩不同部位的地面时，就会发出美妙清晰的音乐来。如果按一定曲谱，前后左右来回踩跳，便会即刻奏出相应的旋律，为此游人络绎不绝。

无独有偶。在英国北部的兰开夏郡的山上，有一座看起来比较壮观的树状雕塑，这个雕塑被称为"歌声欢唱的树"。整个雕塑是由上百个金属管构建而成，高度超过3米，管道被组合成一个螺旋形状，从而使"树"层次更加丰富。每逢山上刮风，从四面八方吹来的风就通过长短不一、参差不齐的管道，发出各种各样的声音来，形成一个优美和谐的"大合唱"，因此被称为"会歌唱的树"。这个雕塑的名字来源于德国的一个儿童剧，尽管歌声没有剧中的人物唱得好，但雕塑却得到建筑界的认可，获得了很多奖项，其中包括英国皇家建筑学会的著名国家建筑奖。

匈牙利提索河畔的索尔诺克市，有一座音乐塔，当人们走进塔身时，就能发出阵阵优美的音乐声。原来建筑师在建造时，特意在塔顶安装了各种各样的管风琴，只要风一吹来，这些乐器就会奏出动听的乐声，宛如一支管乐队在演奏。此外，在挪威南部有一座音乐纪念碑。当阳光照射着纪念碑时，碑内安装的光学仪器作用于电子计算机，电子计算机操纵音乐系统，便发出优美悦耳的电子音乐。

为了纪念芬兰伟大的作曲家西贝柳斯，赫尔辛基建造了一组纪念碑建筑，近处为西贝柳斯头部巨雕，稍后即由数百根长短参差的不锈钢圆管组

英国"会唱歌的树"

成一种大型管风琴的造型，当风吹入圆管或用手轻叩时，一排排钢管不时传出悠扬动听的音响，令人浮想音乐家依然在创作。

日本爱知县丰田市，20世纪80年代曾建造了一座别致的小桥，桥长31米，人行便道宽2米，桥的两侧栏杆装有109块不同规格的音响栏板。过桥的行人，只要依次打每一块栏板，就能奏出一支完整的优美乐曲。桥的一侧可奏出法国名曲《在桥上》，而桥的另一侧可奏出的是日本家喻户晓、脍炙人口

南京的音乐楼梯

的民歌《故乡》。由于这座桥音乐优美，人们便称誉它为"石琴桥"。然而，人们并不知道，这座音乐桥的最初设计者竟是一位爱哼哼小曲的中学生。

印度的建筑师与音乐家通力合作，他们对石头进行研究，把一块块坚硬的花岗石精雕细凿成"音乐石"，只要用手指轻叩，就会发出小雨叮咚般的声音。若以木槌敲弹，则能产生海涛吼鸣的巨响。在新德里的一座七层大厦内，就设置有一座奇妙的音乐楼梯。建筑师精选具有共鸣性好、敲打能发出音乐的花岗岩石板做楼梯，每段楼梯有固定的音阶音调。当人们步入大厦，脚踏台阶，上下蹦跳时，楼梯就发出了如琴键触击的美妙乐声。

音乐楼梯在我国也有出现，在南京市地铁二号线学则路站内，就有一架特殊的"钢琴楼梯"，这段楼梯共有53个台阶，所有的台阶都按照钢琴键盘的排列方式包装，其中一段18个台阶楼梯边上装有感应装置。当有人经过时，台阶就会发出悦耳的钢琴声。人们可以根据音符的变化，踏出悠扬悦耳的音乐。原来音乐楼梯采用了人体感应器作为信号接收装置，当有人来往时，感应器接收人体信号，再发出一个电子信号给发声电路，最后由扩音器发出声音。

会唱歌说话的墙与房

作家莫言曾写过一篇《会唱歌的墙》的散文，说的是有一位老人，收集了几十万只废旧的酒瓶，垒起了一道几十米长的墙，瓶口一律朝北，只要一刮北风，几十万只瓶子就会发出各种各样的声来，汇聚成亘古未有的音乐。

这墙为什么能发出声音呢？这其实和吹一个空啤酒瓶形成声音的道理是一样的。瓶口的边沿扰乱了空气的流动，并在瓶颈处制造出一个小的气体漩涡。这个漩涡的振荡频率同瓶颈的大小和风的速度有关。当你更猛烈地把气吹过瓶颈，漩涡的振荡频率增加，最终同瓶腔的自然共振频率相匹配。瓶颈的漩涡充当了瓶中空气的活塞，于是瓶子就发出了声音。那么多瓶子组成一道墙，可想而知，它发出的声音是多么宏大、嘹亮啊。

在江苏扬州一座古典园林内，有一道砖墙，为东西走向，正好与旁边的高墙形成一个通道。这道墙上开有 24 个直径约一尺的圆洞，并分布成 4 排。每当有风之时，风就会在通道内形成气流快速流动，于是墙上的孔洞就像笛子一样，发出悠扬的声音，好似音乐在演奏。

能发声的音乐墙

在法国马赛的卡斯特拉纳地铁车站，有一堵奇特的墙，当人们走到它跟前时，就会突然听到一段有节奏的现代音乐在回响。于是，怀有好奇心的人就会停下来沿着墙来回走动，一遍、两遍地重复往返，甚至挥动手臂，向空中跳跃，每个动作都会产生一个新的音调，匆匆忙忙赶着上班的马赛人，经过这里的时候总会兴致勃勃地花一点时间，玩一下这个被发明者称为"互相作用的空间音乐器"。

这堵"音乐墙"是一名 29 岁的青年作曲家发明的。他自称自己是一位"雕塑空间的音乐家"，通过行人的走动表演，以此产生空间音响。人们不禁要问，这墙是怎么发出声音的？

原来，设计者在这段墙内安放了存有音符和乐句的"电脑储存器"，当人们在墙前走动或运动时，光电系统就会根据接收到的强弱信号，经过一组特殊的程序处理，发出相应的音乐来。随着行人动作的不同，音乐墙发出的曲调也会不断变化。

在现实生活中，会唱歌的建筑还真不少。在德国东部城市德累斯顿，有一座会唱歌的房子，每到雨天就会伴着雨点奏出音乐。这座房子的外墙是彩色的，墙面被漆成天空模样，上面安装了大大小小、不同形状的管道，你别以为这是一般的下水道，实际上那是带有喇叭口乐器形状的管道。看到它，让人能想象到德国人充满创造力的童话生活。

这座房子是德国艺术家建造的一所名叫蓝色乡土爵士乐风格的建筑，他们在房子的外面安装了许多由雨水作为动力推动的乐器。虽然童话式的外部造型已经足够吸引人，不过这座房子的特殊外墙才是它最吸引人的地方。每到雨天，房子屋顶收集雨水后就会流向乐器一侧，雨水会向下倾注到一系列管子、碗状物和

装满管道的房子会唱歌

水槽中。当雨水流下时，洒落的雨水就会流入管道，滴滴答答，最后碰撞出各种奇妙的声音，如同清脆朴实的音乐。静心聆听一阵子，仿佛心中的郁闷全被洗刷干净。一些管道形状像乐器，实际上是一种装饰，采用这些外形更多的是向乐器表示敬意，而不是真的想模仿出小号或长号所发出的声音。

蓝色乡土爵士乐风格管道同蓝绿色的建筑物外墙很搭配，能立即使人联想到大海的颜色。音乐是世界语言，在德累斯顿旅行时，即使不懂德语，也能享受到会唱歌的房子所传递出来的信号。雨声演奏虽然不是莫扎特的乐曲，但也仍然是很美妙的声音。正由于它独特的创意和有趣的设计，这座会唱歌的房就成了当地人们寻找灵感的源泉。

除了会唱歌的房子，还有会说话的房子。在美国华盛顿州雷德蒙德市微软总部的大楼内，有一套会说话的房屋叫"格里斯"，它的主人希思是微软公司的一名科技人员。希思一走进房子就问："格里斯，今天有什么事？""格里斯"用隐藏在墙壁里的扩音器回答："你今天要跟《读者文摘》马克斯会面，还有两个电话留言没听。要继续报告吗？"

希思没有马上回答，而是走进厨房，打开橱柜，把一袋面粉放在石板台面上，"格里斯"问："要我帮忙吗？"希思回答说"要"，于是一份面食食谱马上投射在对面墙壁上，就像变魔术一样。这就是高科技的建筑，许多事情都不让你操心，房子可以和你对话，会告诉你该做什么事了。

建筑与音乐的交响曲

建筑和音乐都是创造美的艺术，一个是凝固的，一个是流动的，但两者都是相通的，互为借鉴、互为启发，相互融合，从而构造出宏大、气派、令人震撼的交响曲。

建筑是造型艺术，人们是通过它的布局、均衡、对称、高低起伏、空间变化来感受美。而音乐是时间的艺术，它是用音响来造型的，通过音节的高低、韵律的变化、强弱的对比、节奏的快慢来构造美。所以，黑格尔曾说："音乐和建筑最相近，因为像建筑一样，音乐把它的创造放在比例和结构上。"

关于建筑和音乐，在我国古代典籍中早有记载，《墨子·备穴篇》就有"地听"、"墙听"之说，用陶瓷口向内砌墙可以隔音，在琴室及戏台下埋大缸可增加混声回响效果。

北京银河 SOHO 的圆舞曲旋律

如前面所讲的我国四大回声建筑，各具特色，蜚声于世，它们无不体现建筑与声学的完美结合，是非常富有音乐性的建筑。在我国古代建筑中，往往在一些宫殿大堂的屋脊上，砌筑有张着大口的宝瓶，可谓"高屋建瓴"，每当刮风，高空气流吹响瓶口，发出口哨般的音乐。这些创造都闪耀着劳动人民的音乐天赋在建筑中的智慧光芒。

在国外，带音响的建筑也不少见。意大利比萨斜塔闻名于世，它当初建造时是比萨教堂的钟塔，塔的顶层装有七只音阶钟，能发出"do、re、ml、fa、sol、la、sl"七个音，是一座有趣的"音乐塔"。每当教堂举行仪式时，塔上的音阶钟叮当敲响，发出悦耳动听的音乐，使斜塔令人神往。

巴黎圣母院是个崇高的宗教艺术殿堂，由于建筑在结构和美学上的别具一格，成为欧洲建筑史上一个划时代的标志。这里经常举行音乐会，令人称奇的是，音乐会上看不到演奏者，唯有大管风琴从后墙的高壁上发出洪亮又柔和的音响，在整个教堂回荡。这种大管风琴被誉为乐器之王，琴上有 6000 根音管，音色雄浑厚重，尤其适宜于演奏圣歌和悲壮的乐曲。原来大管风琴是与巴黎圣母院融为了一体，因此，作家雨果称赞这座建筑为"巨大的石头组成的交响曲"。

建筑与音乐都讲究主题与形象的统一与均衡、对比与协调、比例与尺度、韵律与节奏、重复与变化、个性与风格、色彩与色调等艺术法则。几乎所有的建筑

颐和园长廊的韵律与节

物，在水平方向和垂直方向都富于节奏和韵律，这如同一座建筑由左到右或者由右到左，一柱、一窗；一柱、一窗地排列过去，形成"柱、窗；柱、窗"的2/4拍子；若是一柱二窗的排列，形成"柱，窗，窗；柱，窗，窗"的3/4的拍子；若是一柱三窗的排列法，就是"柱，窗，窗，窗；柱，窗，窗，窗"的4/4拍子了。

难怪建筑学家梁思成、林徽因也说：一柱一梁的连续重复，好像2/4拍子的乐曲，而一柱二窗的立面节奏，则似3/4的华尔兹。无论哪一座巍峨的古城楼，或一角倾颓的殿基的灵魂里，无形中都在诉说、乃至歌唱。这正如美学家朱光潜在《西方美学史》一书中所说："建筑空间和形象中的抑扬顿挫、比例结构及和谐变化，体现了音乐的旋律。"

建筑空间序列像音乐中的时间序列一样，有前奏、主题、冲突、低潮、高潮、结尾等过程。人们在这个序列中观赏，视点有高有低，视角有仰有俯，视野有大有小，空间有开有合，通过调和对比，高低起伏，重复变化，构成各种不同的格律感。像北京的银河SOHO大楼，全是流线型的设计，没有一根线条是垂直的，楼身弧线的层层环绕，犹如一首浪漫的圆舞曲。而古根海姆博物馆柔美飘动的线条，又如同在演唱一首未来畅想曲。

德国大诗人歌德说，他在米开朗琪罗设计的罗马大教堂前广场的廊柱内散步时，深切地感到了音乐的旋律；我国建筑大师梁思成曾从北京天宁寺辽代砖塔的立面谱出了无声的乐章，他还从颐和园的长廊内发现了和谐的节奏。

莫扎特堪称是位伟大的"建筑师"，然而他所使用的建筑材料不是砖瓦沙石，而是旋律、和声和节奏，以及音的高低，时间的长短和音量的大小等。他曾说，"我经常后悔我没有学建筑而学了音乐。"这也许是一句开玩笑的话，但在莫扎特的心目中，建筑与音乐是多么的相似，它们之间的关系又是多么的密切！

长虹卧波的桥梁建筑

岁月悠悠说灞桥

在西安市东郊，有一座跨越千年的石桥，因架在灞河之上，故称为灞桥。灞河原称滋水，春秋战国时的秦穆公为彰显霸业，遂将滋水改为灞水，并修了桥，这便是早期的灞桥。

当年，秦始皇率军征战，大都从灞桥出入。汉高祖刘邦西进咸阳，也是由灞桥通过。西汉时定都长安后，灞河上开始建有石桥，桥底设置木桩，结构科学合理，木质构件中榫卯连接，相当精巧，后因战乱水患而损毁。公元582年，隋文帝修大兴城，一座多孔石质新大桥同时修建，这就是名声显赫的"隋唐灞桥"。

隋唐灞桥始建于隋开皇二年，废弃于元朝末年。它的修建比赵州桥还要早近20年，是我国历史上修建时间最早、规模最为宏大、桥面跨度最长的一座大型多孔石拱桥，属于当时的国家工程。

古往今来，灞桥都是连接八百里秦川与中原大地的交通要道。古时灞河位于长安的东大门，又是拱卫京师的天然屏障，所以历朝历代都曾在灞河上建桥或修桥。据《旧唐书》记载：灞桥是当时全国11座大型桥梁之一，11座桥梁分别为石柱、木桩及浮桥三类。石柱桥有4座，其中一座就是灞桥，可见灞桥当时的地位。

由于灞桥极其重要，朝廷还专门安排有30个卫士和8个工匠常年进行看守和维护修缮，充分说明唐朝政府对这座大桥的高度重视。

隋唐灞桥的建造极其讲究，也极其科学。此桥全长400米，与现在的铁路和公路桥十分接近，要用石头修建这么长的桥梁，这在当时是十分罕见的。修桥先要打桩，一排排木桩被打入河底，无可动摇。因立木有顶千斤之势，这样基础就非常牢固。然后在木桩上铺垫木板，接着再在上面砌筑桥墩。桥墩用质地坚硬的

隋唐灞桥复原图

石条砌成，形状如巨船，桥墩长9.25～9.57米，宽2.4～2.53米，高约3米，桥墩间距5.14～5.76米。桥墩两端为尖形，用以分水，使桥身尽可能减少水的冲击。桥墩两头还镶有造型精美的巨形石雕龙头，用以桥体的装

饰。桥墩的砌筑特别科学，桥墩外面用的是砂岩石，内部填充用的是石灰岩，因石灰岩会风化，而砂岩石质地坚硬，耐冲击，所以桥墩就非常结实。而置于桥墩之下的木桩常年淹没在水中，木桩与空气隔绝，千年都不朽，这样也就提高了桥墩的寿命。

隋唐灞桥构筑坚实，结构科学严密，造型庄严宏丽，共有80多个桥孔，它是中国建造时代最早、规模最宏伟、桥面跨度最长的一座大型多孔石拱桥。桥面两侧设有护栏，栏杆顶部有造型精美的石雕狮子，给桥增添了美的景致。隋唐灞桥在灞河上屹立了800年，后因环境恶化，灞河上游秦岭植被遭到破坏，河水中带有大量泥沙，久而久之，致使河床抬高，沙石淤积桥涵，造成此桥废弃。

隋唐灞桥废弃之后，明、清时期灞桥曾多次重建，又多次冲毁，有时甚至舟船和木桥并用。道光十三年（公元1833年）再度重修灞桥，桥长370米，宽7米，72孔，桥柱由圆形石礅堆垒而成，桥面为木梁石板，桥两端各建有一座牌楼。1957年对此桥进行了改造，成为石墩钢筋混凝土结构公路桥。由于此桥已使用

今日灞河新桥梁

170余年，曾多次遭遇洪水威胁，桥基已出现问题，这座桥被宣布为危桥，于2004年拆除。但老桥址仍保留，并树立标识说明。

灞桥的出名，还源于"送客灞桥，折柳相赠"和"灞桥风雪"的传说。唐朝时，灞桥设有驿站，长安人送别亲友必至灞桥，并折柳枝赠之，因柳与留同音，固有挽留客人之意。唐朝诗人李白、杜甫、白居易等都对灞桥和赠柳作过咏叹。如"年年柳色，灞陵伤别"，"杨柳含烟灞岸春，年年折柳为行人"等诗句，就反映了当时的情景。每到春季，灞桥之畔，绿柳低垂，花絮飞舞，近拂眉梢，呈现出"灞柳风雪扑满面"的美丽景观，为"长安八景"之一，着实令人神往。

悠悠岁月记载着历史的沧桑，滔滔河水诉说着灞桥的变迁。如今，灞河上十几座铁路、公路大桥，凌空飞架，宛若长虹，给灞河增添了一道道光彩。灞河两岸，杨柳依依，白絮飞扬，如漫天飞雪，美丽的景色，把灞桥装点得多姿多彩，更加迷人。

精妙绝伦赵州桥

赵州桥横跨于河北省赵县境内的洨河之上，桥长 64.4 米，跨径 37.02 米，是世界上跨度最大、建造时间最早的单孔敞肩型石拱桥，其凌空飞架，宛若彩虹，蔚为壮观。因赵县古称赵州，桥也由此而命名。赵州桥又称安济桥，当地俗称大石桥，建于隋开皇十八年至大业年间（公元 598～618 年）。这种敞肩式造型在世界造桥史上是一个独创，具有很高的科学和美学价值。

　　"赵州石桥鲁班修，
　　张果老骑驴桥上走；
　　柴王爷推车桥上过，
　　压得大桥忽悠悠。"
这是京剧《小放牛》中一段脍炙人口的唱词。其实赵州桥并非鲁班所修，而是我国隋代杰出的工匠李春设计建造的。因为鲁班是智慧的化身，又是我国建筑业的始祖，所以就将这个功劳归于鲁班所有。

　　据唐书中张嘉贞在《安济桥铭》中记载："赵州洨河石桥，隋工匠李春之迹也，制造奇特，人不知其所以为。"意思是说，赵州桥的结构很奇特，人们都不知道是怎么建成的。赵州桥的修建，确实是个惊人的奇迹。可谓鬼斧神工，气势不凡。赵州桥有"三绝"：

　　一是桥拱小于半圆。在我国，习惯上把弧形桥洞门洞之类的建筑称为"拱"或"券"。一般石拱桥的券，大多为半圆形，北京的玉带桥，苏州的枫

赵州桥雄姿

桥等，就是如此。但赵州桥却不是这样，而是截取了半圆的一段弧，形成一张弓，这样既加大了桥的跨度，又降低了桥的高度，使桥体非常美观，很像天上的彩虹。赵州桥的跨度在当时是世界之最。如果按通常的设计，采用半圆形，券的高度一般是长度的一半。这样算来，赵州桥的桥洞就有18.5米，车马行人过桥，就像翻一座小山，吃力而不方便。因此跨度长的桥只有多修几个桥洞，以减低桥的高度。赵州桥的设计打破了固有模式和传统局限，大胆采用弧形，这样就使桥面没有坡度，比较平缓，便于车马上下，路人行走。

二是肩空而不实。一般石拱桥的两肩大都是实的，用石料砌成，而赵州桥却与众不同。大拱的两肩还各有两个小拱，像四个小耳朵，又像四个小花环，非常漂亮。首先，节省了大量石料，据科学家测算，这样的设计，节省石料约180立方米，使桥的重量减轻了约500吨。整个桥梁看上去既稳重又轻盈，且雄壮而秀逸。其次，减轻了洪水对桥身的冲击，当洪水季节，河水瀑长，流量增大，这时一部分水就可通过小拱往下排泄，既可以使水流畅通，又可防止洪水对桥体的损害，保证了桥的安全，延长了桥的寿命。

三是券拱并列砌筑。赵州桥设计的别致还在于桥洞的砌法也一反常规。一般桥洞的砌法，常用的是"纵联式"，即各层石块相互交错，像砌墙一样，最后形成桥洞是一个整体，比较坚固。

而李春采用的是"并列式"砌法。赵州桥宽9.6米，是由28道小券并列而成。这种砌法的一个好处是，若一块石头坏了，只不过坏了一个窄券，修起来也比较容易，不会影响桥面的通行。为了使桥更加坚固，在各拱肩之间又以帽石铁梁穿连，相邻两拱石间又以腰铁相连接，使整个桥梁浑然一体。从而形成了一个既相互独立又紧密联系的独特结构。

到今天，赵州桥已经安然矗立了1400多年，此间它经历了10次水灾、8次战乱和多次地震。1963年的水灾大水淹到桥拱的龙嘴处，据当地人说，站在桥上都能感到桥身有很大的晃动，可是洪水过后，它仍然挺立如初。1966年距赵县40多公里的邢台发生了7.6级地震，赵州桥也有4级以上的震感，可是它一点都没有被破坏。据记载，赵州桥自建成至今共修缮了8次。值得一提的是，人们今天所见的28道拱券仍然还是隋代的建筑原物。

赵州桥被誉为"天下第一桥"，自古有"奇巧固护，甲于天下"的美称，正如前人所咏叹的："百尺高虹横水面，一弯新月出云霞"；"水从碧玉环中出，人在苍龙背上行"。它独标风韵，美轮美奂，不仅有高度的科学性，而且具有我国特有的民族艺术风格，是我国古代建筑的伟大作品。

赵州桥最大的贡献是，它开创了世界"敞肩拱"桥梁的先河，欧洲到19世纪才出现此类桥梁，比我国要晚1200多年。

天下闻名卢沟桥

卢沟桥位于北京市西南约15公里的丰台区永定河上，是北京市现存最古老的石造联拱桥。永定河原称卢沟河，桥也因此而得名。此桥始建于金朝大定二十九年（公元1189年）六月，明昌三年（公元1192年）三月建成。历时三年时间，就建成这一建筑奇观，其建桥速度和精湛技艺令人惊叹。

卢沟桥用坚硬的花岗石建造，桥长266.5米，宽7.5米，下设10个桥墩，11个桥孔，桥面最宽处可达9.3米，整个桥体全是石结构，桥面铺有大石条，在桥墩与拱券的各个部分的石块间，都用带棱的腰铁和铁拉件紧紧连接在一起，大大加强了石与石之间的牢固性。因此，卢沟桥才能经历数百年的风雨依旧傲然屹立，成为华北最长的古代石桥。永定河过去常发大水，来势飓猛，两岸河堤常被冲毁，但这座石桥极少出事，足见它的坚固。

卢沟桥的建造很讲科学，就桥墩的造法就颇具特色。桥墩呈船形，迎水的一面砌成分水尖，外形像一个尖尖的船头，每个尖上安置一根边长26厘米的三角铁柱以迎击洪水和破冰，保护桥墩和桥身。出水的一面砌成流线型，形似船尾，减少水流对桥孔的压力。此外，在桥的设计上，中间一孔孔径最大，宽度有21.6米，往两边的孔径逐渐缩减，靠岸边的孔径为16.1米。将河中间的桥孔做大，很有利于河水畅通，这样的构思十分巧妙，真是颇具匠心。

卢沟桥不仅是一座结实耐用的建筑物，而且是一件精妙绝伦的艺术品。桥上的石刻非常精美，桥身的石雕护栏上共有280个望柱，柱高1.4米，柱头刻莲花座，座下为荷叶墩，柱顶刻有众多大小不一，形态各异，数不尽的石狮子。有的昂首挺胸，仰望云天；有的双目凝神，注视桥面；有的侧身转首，两两相对，好像在交谈；有的抚育狮儿，好像在轻轻呼唤。桥南边东部有一只石狮子，高竖起一只耳朵，好似在倾听着桥下潺潺流水和过往行人的说话，真是千姿百态，神情活现。

卢沟桥全景

这里的石狮子究竟有多少个呢？

多少年来一直是个谜。民间有句歇后语："卢沟桥的狮子——数不清。"明代《帝京景物略》也有卢沟桥的石狮子"数之辄不尽"的记载。实际上，卢沟桥最初建成时共有狮子627只。许多游人来此游览，试图想搞清石狮子的数目，但数来数去，眼花缭乱，最后只好作罢。据说当年乾隆皇帝也亲自数过，他从桥东数到桥西是408只，反过来数却成了439只，再数又成了451只，真是难以数清啊。这里的狮子为何数不清？这是因为望柱上的狮子大小不等，神态各异，惟妙惟肖，无一雷同，蹲的、卧的、高的、矮的、雌的、雄的，或大抚小，或小抱大，有的爬在身上，有的躺在爪边，还有的藏在腹下，甚至毛发里也有小狮子，稍不留神就会漏掉一个。正因为数不清，才给到卢沟桥游览的人们增添了一番妙趣。现在卢沟桥文管所发布卢沟桥狮子的准确数字是501只。

早在十三世纪，卢沟桥就闻名世界。那时意大利旅行家马可·波罗来到中国，他看到美轮美奂的卢沟桥，惊叹不已，大为赞赏。他在《马可·波罗游记》里十分推崇这座桥，说它是"世界上最好的、独一无二的桥。"并且特别欣赏桥栏望柱上的狮子，说它

卢沟桥的石狮

们"共同构成美丽的奇观"。"卢沟晓月"很早就成为"燕京八景"之一。

卢沟桥经历800多年风风雨雨，至今巍然屹立已是不易。1957年北京市文物、交通运输、市政设计、基建等部门曾对此桥的承重能力进行过科学实验，结果表明，429吨的超限大平板车顺利通过，而桥安然无恙。后来的邢台、唐山大地震，都对桥没有影响，它照样岿然不动，这不能不说是一个奇迹。

卢沟桥还是中华民族众志成城，抗敌御辱的象征。1937年7月7日，盘踞在永定河西岸的日本侵略军以一名士兵失踪为借口，强行要过卢沟桥到宛平城搜查，这一无理要求，遭到驻守在这里的中国第二十九军的断然拒绝。于是日本侵略者用大炮、机枪向桥东发起猛烈攻击，英勇的二十九军奋起抵抗，双方展开了激战，日本侵略军遭受了重大伤亡。这就是震惊中外的"卢沟桥事变"，又称"七七事变"。从此，中国人民抗日战争全面爆发。

"一朝蹂躏惊民气，八载烽火铸国魂"。今天，我们了解卢沟桥，更应铭记日本帝国主义的侵华罪行和中国人民的抗战史，卢沟桥是永远的关注点和纪念地。

舟梁相济广济桥

这是一座特殊的桥，这是一座美丽的桥，第一次看到它就让人震撼。滔滔江水上，蓝天白云下，一座座古色古香的楼亭屹立于桥墩之上，并依次排开，向远方伸去，那神韵，那气魄，简直让人着迷，让人赞叹。这就是历史悠久，华夏闻名的广济桥。

广济桥又名湘子桥，它位于广东省潮州城东门外，横卧在滚滚的韩江之上，山水相映，桥影如画，景色壮丽迷人。广济桥始建于南宋乾道七年（公元1171），由潮州太守曾汪创建，初为浮桥，名"康济桥"。淳熙元年（公元1174年），浮桥毁于洪水，太守常伟重

亭阁相连的广济桥

修，开始在西岸修筑桥墩。至绍定元年（公元1228年），先后有四五位太守相继主持修建西岸桥墩，西桥名为"丁公桥"。绍熙五年（公元1194），太守沈宗禹开始"磻石东岸"，随后陈宏规等太守相继于东岸修筑桥墩，到开禧二年（公元1206）完成，东桥名为"济川桥"。全桥历时57年建成，全长517.3米，宽为5米，分东西两段共23墩，中间一段宽97.3米，因水流湍急，未能架桥，只能以木船搭成浮桥，与东西两桥相连。

由于洪水、台风、地震等诸多原因使桥多次损毁，明宣德十年（公元1435年）重修，在桥上修筑高楼12座，桥屋126间，中间以24只船为浮桥，统一名为"广济桥"。正德八年（公元1531年），又增建一墩，总共24墩，减船6只，形成"十八梭船廿四洲"的独特风格。广济桥为三段桥，中间浮桥低于石桥，能开能合，当遇洪水、大船或木排通过时，可以将浮桥中的浮船解开，然后再将浮船归回原处。这一设计体现了因地制宜，顺应自然的高超智慧，是中国也是世界上最早的一座开关活动式大石桥。著名桥梁专家茅以升曾指出：广济桥是我国桥梁史上的一个特例。它与赵州桥、洛阳桥、卢沟桥并称为中国古代四大名桥，现已成为我国桥梁建筑中的一份宝贵遗产。

广济桥，每一个桥墩距今都有几百年的历史。就建筑而言，除桥梁与浮桥相结合外，还有两个特点，一是

桥墩宽大，广济桥桥墩是以花岗岩卯榫叠砌而成，桥墩宽度一般为 5.7～10.8 米，长度为 14.4～21.7 米。如此巨大的桥墩，在全国其他古代桥梁中并不多见。二是石梁巨大，其中最大石梁长约 15 米，宽约 1 米，厚约 1.2 米，重约 50 余吨。在古代生产力落后的情况下，在大江上建造这样的大桥，其难度是超乎人们想象的，故潮州民间便流传有"仙佛造桥"的传说。

相传，韩愈任潮州刺史后，为方便百姓生活，试图在江上建一座桥，便请他的侄子韩湘子和广济和尚一起造桥。韩湘子是八仙之一，其带领其它七位神仙修筑桥东段，广济长老带领十八罗汉修筑桥西段，两人约定在江中汇合。当时间已到，两人各有一座桥墩尚未完成。于是，何仙姑撒下 18 瓣莲花变成梭船，曹国舅铺上云板做桥面，铁拐李解下腰带将船连成一气，变成一座浮桥，这样大桥就连接一起建成了。因此桥与韩湘子有关，人们又称其为湘子桥。

这个传说颇为有趣，它歌颂了我国古代造桥工匠的聪明才智。然而，要在江上建造一座石桥，并非易事。就说运送石料吧，在当时的生产条件下，只能靠船运输。架设在桥墩上的

独具特色的江中浮桥

石梁每根都很沉重，要将石梁运到造桥现场，先将石梁绑在船底，顺水而行，到达目的地后，若桥墩在浅滩，就用木头搭成斜坡，将石梁移上桥墩。若桥墩在江中，人们就将石梁放在船上，利用浮力原理，涨潮时在船里填充石料，以调节高度，将石梁安放于桥墩之上。

广济桥集梁桥、浮桥、拱桥、亭台楼阁于一体，形成了自己的特色。梁舟结合，刚柔相济，有动有静，起伏变化，富有节奏。其东、西段是重瓴联阁、联芳济美的梁桥，中间是"舳舻编连、龙卧虹跨"的浮桥。这简直是一道妙不可言的风景线。桥上店铺林立，人来人往，夜晚灯火通明，成为热闹非凡的桥市，以至有"到了湘桥问湘桥"之说。

随着历史的变迁，广济桥几经修筑，一度曾将浮桥改建为钢桁架桥梁。2003 年～2007 年，当地政府对广济桥按照最辉煌时期的明代的规模进行了修复，恢复了"十八梭船"的开闭式浮桥，并修复了桥上的十二座楼阁和十八座亭屋，使其成为一座旅游观光步行桥。

如今，漫步桥上，犹如走进一座座水上古典优雅的亭台楼阁之中，人走景移，美不胜收。

跨江接海洛阳桥

在福建泉州有一座气势宏伟的临海大石桥，这就是久负盛名的洛阳桥。它位于福建省泉州市洛江区桥南村与惠安县洛阳镇街之间的海湾处，横跨洛阳江入海口的江面上。这是我国现存建造时间最早的一处石墩石梁海港大桥。洛阳桥与河北的赵州桥齐名，是我国古代四大名桥之一，故有"北有赵州桥，南有洛阳桥"之说。

洛阳桥又名"万安桥"，因为它所在处为洛阳江万安渡，是从泉州北到福州，西到江西、湖北乃至河南等省的交通要道。这里江海交汇，洛阳江水

洛阳桥全景

从西往东湍急而下，遇落潮水急如箭，一泻千里；若是涨潮，江水与海水相撞，浪高如山。这给人们出行带来极大不便。宋代有资料记述："泉州万安渡，水阔五里，上流接大溪，外即海口也。每潮风交作，数日不可渡。"这便是当时情景的真实写照。

洛阳桥始建于北宋庆历年初，开始以篾石作浮桥，后又有人倡建大石桥。皇佑五年（公元1053年）四月，曾两度出任泉州太守的蔡襄，主持修建

洛阳桥，于嘉佑四年（公元1059年）十二月建成。

由于自然环境险恶，水面宽、水流急、浪潮高，造桥绝非易事。那么，在当时这样的条件下，既没有钢筋和水泥，又没有大型设备，桥梁的建设者们到底是怎样修建此桥的呢？

修桥先要建桥墩，洛阳桥最令人关注的是它的筏型桥基，这在世界桥梁建筑史上都是一个开端。蔡襄所领导的工匠们在初建洛阳桥时，先在桥梁中线之下抛下许多石块，筑成一道跨越江底的宽约25米、长达1000米的水下石头长堤，作为安设桥墩的基础。单块的石头容易被海潮冲走，只有连接一起，构成石基后，才不易被海潮冲走。

可这些石基如何来凝固成一个整体呢？这里有一个有趣的办法。造桥者们采用了一种"生物建筑法"，他们巧妙地应用生物物质来解决海底桥墩的凝固问题。原来，工匠们早就发现，海洋里生长着许多贝壳类动物，它们张着两片壳，一片壳可以自由闭合，

另一片壳则粘接在岩石上或别的贝壳上。它们是通过分泌一种黏性物质，将自己的一侧贝壳粘连在岩石上的。一旦固定后，就不再会分离了。它们以此来固定自己，防止被海潮卷走，这是它们为了适应环境、求得生存的一种手段。贝类生长繁殖迅速，经过不断的堆积后会在桥基和桥墩周围形成密密麻麻、结结实实的"贝壳水泥"，不仅把桥墩和桥基紧紧地结合在一起，也把海底的桥基凝结成一个整体。根据这种生物学原理，建桥者们在桥基周围放养牡蛎，这种生物生长、繁殖极快，几年后牡蛎丛生，石堤就坚如磐石了。这种筏型桥基的采用和以蛎固基的作法，堪称我国造桥史上的一绝，是世界上第一个把生物学应用于桥梁工程的先例。这种非常科学的建桥方法，就是今天看来，也是非常了不起的，它是我国对世界的一大贡献。

蔡襄主持修建的洛阳桥，长1200米，宽5米，全桥共有46座桥墩，500根栏杆，28只镇海兽，7座石亭，9座石塔。桥墩为船形，两端砌作尖状。两墩之间铺花岗岩石梁7根，每根石梁长11米，宽60厘米，厚90厘米。这么浩大的工程，这么沉重的石梁，当时在没有大型起重设备的情况下，人们是怎样架设石梁的呢？在千年前的宋代，人们以惊人的毅力和高超的智慧解决了这一难题。先是将石梁放在船上，借助潮涨船高的浮力，把一块块重达数千斤的大石板轻轻托举起来铺在桥墩之上。这种修桥架梁的"浮运法"在当今的世界上还很通用，是世界桥梁史上的创举，也是中华民族的骄傲。

洛阳桥在建后数百年间，曾多次重修，并将桥面两次抬高。新中国成立以后，人民政府对洛阳桥进行了维修。特别是1993年～1996年，国家拨出专款对洛阳桥实施保护性修复工程，不仅保留了古桥原貌，更使这一千年古桥焕发了青春。

现存洛阳桥长371米，宽4.5米，花岗岩石叠起的船形桥墩45座，每座桥墩长17.7米，宽4.8米。桥墩突出，露出水面，远远望去桥像架在一艘艘船只之上，蔚为壮观。桥墩之间以6～7条花岗岩石梁铺架桥面，两侧建有栏杆。

洛阳桥的船形桥墩

桥头建有石亭和石塔，石塔面雕佛像，造型古朴，堪称奇特。

洛阳桥连江接海，恢弘壮丽，"洛阳潮声"历来是泉州的十景之一。游客伫立桥上，观看"潮来直涌千寻雪，日落斜横百丈虹"，别有一番情趣。

大渡河上铁索桥

大渡河位于四川省甘孜藏族自治州泸定县城西，这里群山耸立，东有二郎山，西有大雪山，两山夹峙，一水中流，地势险要。就在这巨浪咆哮，滚滚奔腾的河流上，有一座悬空飞架的铁索桥，这就是闻名于世的泸定桥。

泸定桥所在地区是内地通往康定等藏族、彝族聚居区的重要通道，过去没有桥，人们只能靠牛皮船渡河，或通过竹索、藤索溜渡，十分危险。到了清朝康熙时期，清兵平定了土司潘乱，根据军事需要和经济的发展，康熙四十三年（公元1704年），四川巡抚上奏朝廷，建议在此建一座铁索桥，得到康熙皇帝的批准。康熙四十四年（公元1705年）此桥动工兴建，至康熙四十五年（公元1706年）竣工。

桥建成后，康熙皇帝亲笔题写了桥名"泸定桥"，其意泸河一带，汉、藏、彝各民族可安定，并作《御制泸定桥碑记》，分别于桥东、桥西镌刻立碑。

泸定桥长101.67米，宽2.8米，高14.5米，以13根铁索组建而成。其中底索9根，索间距为33厘米。底索上面铺着横木板，在横木板上再铺8道纵道板，中间4道，两边各两道，以通行人马。另外，4条铁索分置于桥面两侧，每侧两根，作为铁栏扶手。泸定桥的13根铁索由12164个铁制扣环连接而成，重约21吨，再加上桥台地龙桩、卧龙桩，累计用铁共达40余吨。

碗口粗的铁索，几十吨的重量，两岸相距100余米，河水又那么湍急，人们不禁要问，泸定桥上的铁索是怎么装上去的呢？这其中的奥秘却很少有人知道。说来也让人感到惊奇，每条铁索重约3000多斤，这样重又这么长的铁索，在当时起重工具相当落后的情况下，这铁链是怎样架设到河的两岸上的呢？这里面还大有讲究。

据史料记载，开始搭设时，先在东岸系好铁索，然后用小船载上铁链向对岸驶去，由于铁链过重，还没有到达对岸就失败了，反复多次都没有成功。

架于河水之上的泸定桥

工匠们苦思冥想，总拿不出一个好的办法。一天，一位僧人来到这里，他观察了河的距离，询问了桥的情况，又看了看那粗壮的铁索，最后想出一个办法来。他让人们以巨绳先系到两岸，每条绳上用十数根竹筒贯之，再将铁索入筒，同时在筒上缚绳数十丈，然后让人在对岸牵拽竹筒，这样竹筒到达对岸，铁索也就到达对岸了。这就是用溜索的办法，把铁链跨河悬空起来的。你看，在当时那样的条件下，要建这样一座奇险无比的钬索桥，需要多少智慧和勇气啊。

泸定桥上的铁链

为了使桥更加稳固，泸定桥两端还各建有一座桥台，台为条石砌筑，形似碉堡。台内修有落井，井内安有与桥身相平行的地龙桩。地龙桩东落井7根，西落井8根，在东西两岸地龙桩下各横卧一根卧龙桩。地龙桩和卧龙桩均用生铁浇筑，这样13根铁索就牢牢地固定在卧龙桩上，和石砌桥台一起，承受着泸定桥的全部拉力，使之坚固无比。在两座桥台上，还各建有一座木结构的桥亭，飞檐翘角，优美壮观，与桥构成一个和谐的整体。

泸定桥的修建，质量极其考究。13根铁索每个扣环上都打有工匠的名字代号，如果出了问题就可以查出责任人。这严格的制度和质量管理，保证了桥的安全可靠。如东西桥头的铁桩上至今还有"康熙四十四岁次乙酉八月造陕西汉中府金火匠马之常铸桩重一千八百斤"的字样。看来，那时人们也实行责任制呢。

泸定桥是我国一座著名的铁索桥，为西南地区名胜之一。1935年5月29日，中国工农红军长征途经此地，敌军为阻挡红军从泸定桥通过，下令拆除了桥板。以22位勇士为先导的红军突击队，冒着东岸敌人密集的弹雨，在红军强大的火力掩护下，勇士们拿着短枪，背着马刀，带着手榴弹，攀着铁链向对岸冲去。跟在他们后面的是三连，战士们除了武器，每人带一块木板，一边前进一边铺桥。突击队刚刚冲到对岸，敌人就放起火来，桥头立刻被大火包围了。勇士们奋不顾身地向城头冲杀，很快将火扑灭。经过同敌人两个小时的激战，一举消灭了桥头守军。

飞夺泸定桥的成功，开辟了红军继续前进的道路，是长征中具有战略意义的胜利，在中国革命史上留下了光辉灿烂的一页。毛泽东为此而写下了"金沙水拍云崖暖，大渡桥横铁索寒"的壮丽诗句，赞颂了红军飞夺泸定桥的英雄壮举。

层层叠叠桥上桥

在八百里秦川东部的渭南与华县交界处，有一条从秦岭发源的河流叫赤水河，向北滚滚流去，最后注入渭河。据两县县志记载：此河是古长安至潼关一线仅次于灞河的第二条较大的河流。过去，这一线是关中通往中原的官道。清朝以前，赤水河上建有一座木质桥梁，供行人们往来。到清康熙六年（公元 1667 年），在当地绅士的带头捐款下，经各方努力，筹集资金，在赤水河上修建了一座石拱桥，极大地方便了当地百姓。

由于赤水河为秦岭北麓众多水系汇聚而成，经常爆发山洪，山洪中夹杂着泥沙而下，至嘉庆年间，"河身渐高，桥眼壅塞，水难畅流，以致堤岸屡决，淹没农田无数，赤水南北，几成水乡泽国。"面对河床抬高，水患不断的现实，这座为人们服务了 165 年的石桥，已很难再以为继了。清道光十二年（公元 1832 年），由华州府官员纳资，在原桥之上，按原桥形状、结构宽度，砌石增高，再续建新桥。这样就形成了两桥叠压之势，即我们今

陕西华县桥上桥

天看到的"桥上桥"奇观。

这座奇特有趣的双重石拱桥梁，创意新颖，设计独特，建造精致，严丝合缝，表现了我国古代工匠和劳动人民的高超智慧。这样既减少了重新选址，重砌桥基的浪费，又保留了原桥的外形和风貌。同时在建筑上又符合力学原理，在审美上和人们的习惯相一致，给人有一种亲切感。

赤水河上的桥上桥，有上下两层，重重叠叠，造型优美，好像一孔孔陕北的窑洞，又恰似一只只睁大的眼睛。此桥始建至今已 340 余年，上桥复建也有 180 多年。上桥下桥，各有洞孔 9 眼，全桥共有 18 个洞孔，桥孔大小基本相同，孔高 3.9 米，横宽 3.4 米。此桥为东西走向，桥长 70 米，宽 5 米，并建有桥栏。

值得一提的是，工匠们在建这座桥时，还在每孔桥拱的顶部，分别镶有雕刻精美的龙头，桥的南侧有 9 个龙头，向着上游，有吸水之用意。与之相对应的桥的北侧，有 9 个龙尾，用以摆水，消除灾难。特别是桥拱中间的

一个龙头最大，两边八个龙头相对较小，龙的头尾相对，造型逼真，好似活龙迎着洪水，保佑桥的平安，造福当地百姓。

桥上桥历经沧桑，在数百年中发挥了重要作用。由于时间久远，下桥被泥沙掩埋，之后慢慢不被人们所知晓。直到上世纪70年代末，改革开放的春风吹拂大地，也吹醒了当地农民的头脑，他们突然发现家门口这祖祖辈辈守着的河流里，那沙子不就是滚滚的财源吗？这是城里搞基建、盖楼房少不了的建筑材料。于是，冬春农闲，河道里挖沙子的人越来越多，河床也随之下降，结果挖出了一个惊动全国的一大新闻——华县有个桥上桥。

桥上桥从此出了名，它成为中国的奇桥、名桥，并具有较高的文物和科学价值。

桥上桥刚被发现时，在中国桥梁史上可谓独树一帜。但无独有偶，进入新世纪后，在太行山东麓的河南省安阳县善应镇，就发现有一座用青石砌筑的三层石拱桥。这是一座经过多次续建的桥，比华县赤水河桥上桥年代还早，已有400多年的历史。此桥长110米，分为三层，最下层为小拱石桥，建于明代末年，比较简易，仅供路人通行。后来由于山洪冲击，河床逐年加高，19世纪末，当地百姓在原桥面上加修了第二层桥，为拱形较高的石桥。二十世纪五十年代，人们又在上面修建了第三层桥，拱的跨度和高度又有所增加。这座青石拱桥现在具有三层叠摞拱砌、下窄上宽的奇特建筑结构。桥面并不宽敞，没有设置护栏，但上面可行驶卡车，十分坚固。

说起桥上桥，趣事还真不少。这种桥不但中国有，外国也有。在法国南部加尔省有一座加尔桥，它是古罗马帝国时期修建的一个高空引水渡槽，为三层拱形石桥。加尔桥跨越加尔河，桥高49米，长269米，下层宽6米，中层宽4米，最上层为封闭的水渠，宽仅3米，中、下层是支撑桥体和供人通行的桥梁，造型十分奇特而壮观。该桥全部使用就地取材的石灰岩砌成，且下宽上窄，十分符合力学原理，有利于桥的稳固。

法国南部加尔桥

此外，下层桥拱大，利于泄洪，上层拱小，则便于建造和减轻桥体重量。这座经历了洪水、战乱和社会变迁的桥梁，至今依然保存完好。加尔桥无论是形式上还是结构上，都充分体现了工匠们高超的建筑工艺和精湛技能，被人们誉为建筑上"最崇高的乐章"。1985年此桥被列入世界文化遗产名录。

遮风避雨有廊桥

廊桥，顾名思义就是在桥面上建有廊屋或亭子的桥，颇有趣味和风采。这种桥在我国的浙、闽、湘、桂一带多有出现，有的地方将这种桥称为花桥或风雨桥。人走在桥上可以免遭风雨袭击，躲避日光照晒，还可以在桥上休息，观赏周边风景。

廊桥一般有木拱、木平梁、石拱、石平梁之分，其中木拱廊桥是世界桥梁中上绝无仅有的品类，它构造科学，造型美观，是古典建筑艺术中的奇葩。如今保存下来的不多，据查全国仅有102座，其他类廊桥大约有300多座。

在众多的廊桥中，浙江庆元的如龙桥堪称诸多廊桥的代表。如龙桥呈南北走向，横卧于溪水之上，远望似与山脊相连，宛若龙首下倾，故而

浙江庆元如龙桥

得名。此桥为木拱廊桥，其结构由木架和廊屋构成。木拱架为单孔，净跨19.5米，外观呈八字形，而内由二层拱骨系统组成。第一系统为7组八字形拱骨，第二系统为6组五折边形拱骨，整座拱架稳固性极强，在拱架平面上横铺桥面板，上部再架桥屋。

廊屋全长28.2米，面宽5.09米，设廊屋9间。桥的北端建有钟楼，东西辟门，下设台阶。南端设桥亭，3面辟门。桥亭与桥廊之间为通道。桥身上自檐口下至拱架外壁全部鳞叠铺风雨板，并在桥廊栏杆处开有小窗，用以采光和眺望。如龙桥重修于明天启五年（公元1625年），是迄今发现有确切纪年最早的木拱廊桥，其造型讲究，结构复杂，工艺精湛具有很高的艺术和科学价值。

我国最著名的廊桥要数广西三江程阳桥，位于广西壮族自治区三江侗族自治县林溪乡程阳马安寨，始建于1912年，1916年完成，后又多次修整。这座横跨于林溪河的大桥，为东西走向，是一座石墩多跨双伸臂木梁桥。全长77.76米，桥面宽3.75米，高10.06米。程阳桥5墩4孔，桥洞跨度为22.8米，净跨度为14.2米，桥墩长8.2米，宽2.5米，近似菱形，前后两端均砌成分水尖形状，以利于分水，从而减少洪水的冲击力。

程阳桥最大的特点是巧妙地运用

了力学原理，采用杠杆形式，由木梁数层挑起搭接，最后连在一起。由于程阳桥两墩之间跨度较大，而此地用于建桥的杉木最大长度一般也只有7～8米，与净

三江美景程阳桥

跨14.2米还差一半，这就给架桥带来了困难。为了解决这一难题，聪明的侗族工匠采用了双伸臂木梁建造形式。首先在石桥墩上安放两排粗大的杉木，每排9根，均用木榫连成一体，并向各桥墩两侧挑出2米。然后，在两排杉木上再放两排杉木，每排杉木各4根，亦用木榫连接，且横跨于两墩之间的河面上。最后，在木梁上铺设木板，做成桥面。

为使横跨两墩之间的木梁受力均衡，结实牢固，在每座石墩上各修一座楼亭，中间一座高10余米，为六角塔形楼亭攒尖顶，两侧两座为四角塔形楼亭攒尖顶，靠河岸两座为殿式楼亭歇山顶，在塔式楼亭屋顶中央，置以红色宝葫芦顶，象征着吉祥。高翘的檐角上立有一只木雕的仙鸟，还雕刻着各种彩色图案。桥楼之间以长廊相通，廊屋为人字形坡顶，廊道两侧设有护栏和座椅。整个廊桥屋面均以小青瓦覆盖，显得古朴典雅。

程阳桥集桥、廊、亭三者为一身，在中外建筑史上独具风姿。令人惊奇的是整座廊桥全用侗乡盛产的杉木架设而成，且不用一钉一铆，大小构件，凿木相吻，以榫衔接，勾心斗角，犬牙交错，斜穿直套，结构严谨，一丝不差，是一部力与美的绝妙交响曲，也是侗族人民智慧和汗水的结晶。

程阳桥雄伟壮观，仿佛一道灿烂的彩虹。前人早有赞美："不到三江恨不消，避秦早该学侗瑶。蓬莱未必真仙境，人间奇迹程阳桥。"的确，程阳桥堪称我国桥梁建筑艺术的杰作。

1965年诗人郭沫若曾到此一游，兴奋之余，欣然命笔为程阳桥题写了桥名，并赋诗一首：

艳说林溪风雨桥，
桥长廿丈四寻高。
重瓴联阁怡神巧，
列砥洪流入望遥。
竹木一身坚胜铁，
茶林万载茁新苗。
何时得上三江道，
学把锄犁事体劳。

55

万里长江第一桥

宏伟的长江，从"世界屋脊"青藏高原奔流而下，冲开重峦叠嶂的山峰，穿过雄伟壮丽的三峡，越过艰难重重的险滩，以气吞万里之势，奔向浩瀚的大海。它全长 6300 公里，流经 11 个省市，浩浩荡荡，奔流不息，被中国人称为"母亲河"。千百年来，中国人一直梦想在号称"天堑"的长江上修建桥梁。然而，这一梦想一直难以实现。

新中国成立后，百废待兴的中国终于迎来了在长江上修建桥梁的伟大时刻。1955 年 9 月 1 日，武汉长江大桥开工建设，1957 年 10 月 15 日正式建成通车，圆了中国人的一个梦想。武汉长江大桥是中国在万里长江上修建的第一座桥梁，被称为"万里长江第一桥"。

武汉长江大桥位于武汉市内，大桥横跨于武昌蛇山和汉阳龟山之间。全桥总长 1670 米，其中正桥 1156 米，北岸引桥 303 米，南岸引桥 211 米。从基底至公路桥面高 80 米，下层为双线铁路桥，宽 14.5 米，两列火车可同时对开。上层为公路桥，宽约 20 米，两侧还有 2 米

武汉长江大桥英姿

多宽的人行道。桥下行轮船，桥上跑汽车，中间跑火车，这在当时是非常新鲜有趣的事。

武汉长江大桥凝聚着设计者匠心独运的智慧和建设者们精湛的技艺。当时苏联的著名桥梁专家，武汉长江大桥的设计师西林，为大桥的设计与建造提供了大量技术帮助和指导，两国专家一起制定了长江大桥的建设方案。武汉长江大桥的设计巧妙地利用了两岸的地形。汉口的引桥架在龟山上，武昌的引桥架在蛇山上，这样，龟山和蛇山就成了引桥的一部分，大大缩短了引桥的建筑长度。特别是巨大的桥墩就像是长江里新生长出来的小岛，建桥工人们用钢梁把这些"岛屿"连接起来，长江大桥以它伟岸的身姿展示在世人面前。8 个巨型桥墩矗立在大江之中，米字形桁架呈菱格状，使巨大的钢梁透出一派清秀的气象。

大桥的基础施工采用苏联专家西林提出的"大型管柱钻孔法"，就是将空心管柱打入河床岩面上，并在岩面上钻孔，在孔内灌注混凝土，使其牢牢插结在

岩石内，然后再在上面修筑承台及桥墩。这是一项完全创新的技术，在当时属世界先进水平。经过半年的试验，证明这个方案切实可行，最后按管柱钻孔法编制出武汉长江大桥技术设计方案，经国务院批准进入实施阶段。原计划4年的工期，结果仅用了2年就全面建成。

武汉长江大桥连接祖国南北大动脉，对促进南北经济的发展起着重要作用。它的建成，标志着新中国在桥梁建设上创造了一个奇迹。为此，毛泽东主席写下了"一桥飞架南北，天堑变通途"的豪迈诗句。

继武汉长江大桥后，又有"十里长虹水天焕彩"的南京长江大桥建成。南京长江大桥位于南京市下关和浦口之间，是长江上第一座全部由中国自行设计和建造的特大双层铁路、公路两用桥梁。正桥长1576米，其余为引桥。全桥总长为铁路桥6772米，公路桥4588米。

南京长江大桥共有9个桥墩，每个桥墩高80米，跨度达160米，桥下可行万吨巨轮。正桥两端建有4座70多米高的桥头堡，顶部塑有三面红旗，象征着祖国前进和发展。

整座大桥如彩虹凌空江上，十分壮观。尤其是晚上，桥栏杆上、桥墩上的千余盏华灯齐放，把江面照得如同白昼，加上公路桥上的150对玉兰花灯齐明，使大桥像一串夜明珠横跨江上。

大桥1960年1月动工兴建，1968年9月30日，南京长江大桥铁路桥首先建成通车。12月29日，公路桥正式建成通车。南京长江大桥的建成，标志着中国的桥梁建设，在勘测设计、科研试验等方面都达到新的水平，是中国桥梁建设的重要里程碑。

改革开放后，揭开了我国桥梁建设的新篇章。各种高投入、高技术、大跨径的长江大桥如雨后春笋一样纷纷修建起来，从上海至宜宾段就有50多座大型或特大型桥梁。这里有公路、铁路两用桥跨度最大、科技含量最高、规模最大的芜湖长江大桥；有被称为"中国悬索第一桥"的江阴长江公路大桥；有跨江桥长4744米，世界上第一座"人"字弧线形钢塔斜拉桥的南京长江第三大桥……

这些横跨于长江之上的大桥，犹如一条条缠绕在长江上的彩带，使浩荡的长江更加飘逸美丽，见证着共和国前进的步伐。

南京长江大桥风采

57

高耸入云的塔式建筑

令人神往的大雁塔

大雁塔屹立于西安已有1300多年的历史，它雄浑古朴，巍峨高大，气势磅礴。古往今来，有多少人为之赞叹，又有多少人为之向往。如今，它已成为西安城市的标志和象征。

大雁塔始建于唐宗徽三年（公元652年），是当年玄奘自西域取经回来后，仿照印度的建筑形式，在慈恩寺建造的一座塔，称"慈恩寺浮屠"。塔初为五层，外表包砖，内为土心，主要功能是供奉储藏玄奘从印度带回的佛经、佛像和舍利。由于此塔建得太快，加之雨水渗入，后来便渐渐颓毁了。武则天长安元年（公元701年），又在原址建造了一座10层砖塔，可惜唐末屡遭兵火，残为七层。五代时对此塔作了修葺，维持为七层，即今天看到的七层楼阁式砖塔，是名副其实的"七级浮屠"。

高峻巍峨的大雁塔

大雁塔平面呈方形，建在一座方约45米，高约4米的台基之上。塔身用砖砌成，磨砖对缝，坚固异常。塔从第一层向上，每层显著向内收束，形如方锥体，每层四面各有一个券拱门洞，可凭栏远眺。塔内装着木质楼梯，盘旋而上，可直接登临顶级。大雁塔

由地面至塔顶高64.7米，相当于现在的20层楼高，在千年前的唐代着实可谓"摩天"。唐朝诗人岑参曾写诗赞到："塔势如涌出，孤高耸天宫；登临出世界，蹬道攀虚空；突兀压神州，峥嵘如鬼工。"当代陕西民谚也说："西安有个大雁塔，把天摩得咯喳喳。"这些都道出了大雁塔的雄伟、高峻与挺拔。

说到大雁塔名称的由来，其中流传较广的一种说法是：当年玄奘赴西域取经途中迷失了方向，被困于沙漠，幸得一群大雁引领，才找到水源得以生还。玄奘回到长安后，为保存从印度带回的经卷，主持修建了这座"佛塔"，命名其为大雁塔，正是为了报答曾为他指点迷津的大雁之恩。

大雁塔有许多神奇之处。大雁塔是"塔中塔"。从建筑学的角度来讲，此塔为叠涩挑檐式砖塔。1991年对塔进行较大规模修整时发现，在拆开二层塔檐裂缝时，内部竟还有一个较为完整的塔檐。经专家考证，认为是该塔所建时的原形，其外层有约30～60厘米不等的包砖，为明代为保护该塔所砌。在拆二层檐的裂缝砖时，还发

现有绳纹、手印砖、明代砖和刻有"大雁塔民国廿年"字样的民国时期的条砖；在檐口所挂的风铃有"明靖嘉卅三年铸"，及"民国廿年铸"等字样。这些都证实，明代和民国时期都曾对大雁塔作过较大的修整。

大雁塔又是一座斜塔。早在清康熙五十八年（公元1719年），就测出大雁塔向西北方向倾斜了198毫米。由于历史上人为与自然的因素，从1945年起大雁塔的倾斜速度加快，1985～1996年平均每年以1毫米的速度向西北方向倾斜。1996年经国家测绘部门实地测量，大雁塔倾斜达到了1010.5毫米。此事引起陕西省暨西安市人民政府的高度重视，采取了一系列措施，坚持每年对大雁塔进行监测，在塔基设8个点，以终南山太乙宫基岩点为基准，经过32公里引申到大雁塔，进行观察测量。严禁开采地下水，关闭了主城区2000多眼自备井，同时实施地下水回灌，通过多年努力，使地下水位回升2～4米，有效遏制了大雁塔周围和西安城区地面沉降，使大雁塔的倾斜开始得以控制。载至2006年底，大雁塔回弹9.4毫米。现在正以每年1毫米的速度"反弹"，照此推算，大雁塔要复原"归正"，大约需要1000年。

大雁塔的结构设计很奇特。从底

大雁塔旁的玄奘塑像

层观察，它的边长为25米，仅在中间辟有1.8米宽的券门，其余部分均为厚实的墙体，厚度达到11米。一层总面积为625平方米，墙体的横截面积为522平方米，塔室面积仅有103平方米。墙体占了总面积的04.5%，室内面积仅是墙体面积的1/5，形成一种特殊的比例关系。2007年，科技工作者曾用地质雷达对大雁塔塔身的内外墙体的厚度、材料等进行无损探测，结果表明，古塔1～7层内外壁包砌着一定厚度的砖层，内部为土质结构，塔壁内没有发现重大隐患，基本不存有较大裂缝及空洞。这一新的科技成果进一步明确了大雁塔塔体结构及材料类型，为今后的保护打下了良好的基础。

大雁塔可称为中国建筑的经典，它虽然历经千年，但对现代建筑却颇有影响，甚至可以成为当代建筑的样板。据称，今天上海的金茂大厦，就是以西安大雁塔为原型而构建的。

饱经沧桑的大雁塔，经过岁月的洗礼，更显其伟岸的英姿和巍然风采。它犹如一首凝固的唐诗，让人品读，回味无穷。而今天，大雁塔已成为丝绸之路起点上宝贵的世界文化遗产，这一千年胜迹又焕发出勃勃生机，诗意的大雁塔多么令人神往。

离合有趣的小雁塔

小雁塔位于西安市南门外友谊西路南侧的荐福寺内，在大雁塔的西北方向，与大雁塔相距约3公里。两座古塔如同一对亲兄弟，称呼相近，造型相似，一高一低，一大一小，是古都唐长安保留至今的两处重要建筑，二者均被列入丝绸之路世界文化遗产。

荐福寺原称"献福寺"，是唐睿宗文明元年（公元684年），为给高宗祈福而创建的寺院，后改为"荐福寺"。唐中宗景龙年间（公元707～709年）在寺对面安仁坊浮屠院，修造了一座15级的砖塔，因其体量比大雁塔小，修造时间也晚，故称小雁塔。

小雁塔的修建与唐代高僧义净有关。他受玄奘的影响，曾西行求法25年。唐高宗咸亨二年（公元671年），义净由长安出发，至广州取海道赴印度学习，于武周证圣元年（公元695年）回国，带回佛经400部，并在荐福寺主持佛事，翻译佛经。此间，他积极倡导修建佛塔，以珍藏从印度带回的经卷，上奏朝廷得以准允后，遂建成此塔。

荐福寺山门内建有钟、鼓二楼，

小雁塔地基示意图

钟楼里的大铁钟铸于金明昌三年（公元1192年），重约万余斤。过去僧人每日清晨都要撞钟，钟声远播，声闻数里，催人梦醒。于是，"雁塔晨钟"就成为著名的"长安八景"之一。诗人咏道："噌吰初破晓来霜，落月迟迟满大荒。枕上一声残梦醒，千秋胜迹总苍茫。"说的就是荐福寺小雁塔撞钟的情景。

小雁塔造型优美，玲珑秀丽，塔身为方形，15层砖构密檐式塔，高约46米，因塔顶残毁，现存高度43.38米。塔下为方形基座，高3.2米，底边长23.38米，座上置第一层塔身，每面边长11.38米。第一层塔身特别高大，南北两面各开有门，青石门楣、门框上有线刻唐代蔓草花纹和佛像，刻工极为精细。塔身中间鼓起，略呈弧形，成为与众不同的"枣核形"塔体，体现出神韵飒爽、古朴雄浑的风格。

令人惊奇的是，小雁塔屹立千年，曾经受过几十次地震，但裂而不倒。这里最著名的是它的"三离三合"，充满了神奇色彩。第一次离合被明朝京官王鹤记载在小雁塔门楣刻石上："明成化末，长安地震，塔自顶至足中裂尺许，明彻若窗牖，行人往往见之。正德末，地再震，塔一夕如故，若有神合之者。"说的是1487年关中临潼大地震，小雁塔塔顶震毁，垂直纵裂，分成两半，缝隙有尺余宽。但34年后的1521年，再次地震时，裂缝竟一夜之间弥合，塔身又恢复原状。第二次是明嘉靖三十四年（公元1555年），陕西华县大地震，震级达8级，烈度为11度，地面的建筑遭到毁灭性破坏，但原有裂缝的小雁塔却巍然屹立，只是塔身的裂缝又开了。到嘉靖四十二年（公元1563年）复震，"塔合无痕"。第三次是清康熙三十年（公元1691年），"塔又裂"，康熙六十年（公元1721年）又一次"复合"。

对于一座砖塔来说，曾经历多次地震开裂而不倒塌，反能自然复合，也确实是奇迹了。那么，它神奇的奥秘究竟是什么呢？经考察和研究，主要有以下几个原因。

首先，小雁塔的建造有一个科学的地基。20世纪60年代，经钻探查明，离小雁塔四周地面30米就开始出现夯土，每进一米就厚一尺，整个地基成半圆球体，塔就建在这个半圆球上，地震时因塔受震的应力均匀分散，与"不倒翁"一样，所以屡震不倒。

小雁塔叠涩式挑檐

二是塔身底大顶小，有高出三米的台基，并以青石垒底基数层，再以条砖砌出塔之身基，有这样一个坚固的底座，加之塔身曲线柔顺，下重上轻，重心偏下，在地震时重心始终没有超出底座的宽度，地震时裂缝两边可以产生向心力，使裂缝重新弥合。

三是塔的本身质量过硬，砌筑时砖与浆的黏合力强，塔体建筑强度大，整体性好，在地震力的作用下，只裂不酥，只裂不倒，从未松散，虽经反复离合，但一直傲然挺立，很符合现代抗震要求。

对文物古迹的保护，国家极为重视。1964年国家曾拨出专款，对小雁塔进行修缮，塔顶保持不变，从里到外都是唐代原状，用暗藏钢箍加固塔身，从而结束了塔身反复离合的历史。

小雁塔独特的造型和结构，可谓塔中的典型代表，对全国古今建筑都产生了不少影响。早在唐宋时期，云南、四川等地建造的密檐式砖塔，尽管各自都有当地特点，但仍可以看出有小雁塔的影子及其之间的嬗递关系。对于现代建筑，它更是一些建筑师模仿的对象。东北有一家假日酒店，由现代材料建造，但外形酷似小雁塔，弧线型的塔楼，造型别致，娟秀优美，成为当地独树一帜的标志性建筑。这里，小雁塔的基因还在传续。

扑朔迷离的金字塔

金字塔位于埃及首都开罗西南郊的沙漠之中，是享誉世界的建筑奇观。其工程之浩大，结构之精细，历史之悠久，被称为"大漠中的永恒乐章"。

金字塔全景

金字塔除了胡夫金字塔、哈夫拉金字塔和门卡乌拉金字塔三座著名金字塔外，还有周围大大小小100多座金字塔形成的金字塔群。1979年联合国教科文组织将金字塔列入世界文化遗产名录。

胡夫金字塔是金字塔群中规模最大的一座，称为"大金字塔"，是古埃及第四王朝第二位法老（国王）统治时期修建的，距今已有4600多年。塔原高146.59米，因风化侵蚀，现存高度136.5米，相当于40层摩天楼那样高，占地5.29万平方米。塔基呈正方形，底边原长230米，现为227米。全塔共用230万块巨石组成，每块重约2.5～5吨，最大的重达60吨。

金字塔外形庄严、雄伟，构造独具匠心，凝聚着非凡的智慧。在历经数千年的沧海桑田，风雨侵袭，地震摇撼，金字塔风貌依旧，显示了惊人的建筑技术和高超的艺术水平。同时在天文学和数学方面也有独特价值，人们一直在探索它其中的奥秘。

金字塔有许多奇妙的数字：塔底的周长乘以2，正好是赤道的时分度；塔高乘以10的9次方，正好是地球到太阳的距离；塔底周长除以塔高的2倍，正好是3.1416；塔的自重乘以10的15次方，正好是地球的自重；塔中停放棺材的屋宇的长宽高的尺寸之比，正好是3：4：5。从塔的中心处通过的地球子午线，恰巧把地球上的陆地、海洋分成两个相同的等分。金字塔的这些奥妙，简直令人感到惊奇。如圆周率3.1416，差不多是在塔建好3000年后，人们才算到这个精度的。因此，有人提出一个大胆设想，建造金字塔并非地球人所为，而是天外来客。

金字塔还有更多神奇之处，生锈的首饰放入塔内过一段时间，锈迹斑斑的金属就会变得光灿灿了；肉类、蛋品、鲜奶放入塔内，不会腐败；将脱水处理的鲜花放入塔内，既不枯萎又不褪色。很多科学家在塔内长时居留，都产生一种感觉，好似体内增长一种新的力量。人们得出一个结论：金字塔内存在一种"神秘的能"。

胡夫金字塔

对此，俄罗斯科学家研究证明，金字塔并无神秘可言，塔的建造也与外星人无关。他们在莫斯科建造了一座高44米的金字塔式建筑物，经过实验发现，在金字塔结构的建筑里存入物品，与在其他建筑物相比确实不一样：将脂肪含量为20%的酸奶、半脱脂奶酪、香肠及带内脏的鲤鱼，分别分成两份包装后，一份放在金字塔内，一份放在温度较低的地下室内。10天后，金字塔内的酸奶仍保持着原来的味道，地下室的酸奶长出了一层厚厚的绿毛；其它食品通过比较，同样反差很大。

研究发现，金字塔式结构的建筑物，其内部温度的分布、空气的流动与其他建筑物不同，它有像冰箱和烘干机一样的作用。所以在金字塔内，水蒸发的速度快，物品脱水迅速，所存物品就不易腐烂，其他金属物品，也由于水气迅速散失，而不变质和锈蚀。这就是"金字塔能"的真相。

那么金字塔是怎么建造的呢？先说它的建筑材料吧。在金字塔附近数百公里范围内，竟找不到建造金字塔类似的石头。即使有这样的石头，石块又是怎样开采、运输和砌筑的呢？法国一位工程师提出了一个惊人的见解：金字塔所用的石头是人造的。石头是用石灰石和贝壳经人工浇筑混凝而成，其方法类似于今天的混凝土。不过这一理论很快又被美国的三位科学家所否定。他们对从塔下采回的碎片，利用电子扫描显微镜、X光衍射法和等离子体照相术等各种现代化测试手段，进行综合分析，结果表明：碎片的化学成分与普通石灰岩的地质成分完全一致，丝毫不含水泥中硅酸盐的成分。金字塔是由天然石头一块一块垒起来的。

既然如此，金字塔又是怎样砌筑和建造的呢？法国一位建筑师破解了金字塔建造之谜。金字塔是由内向外修建的。他通过计算机三维技术显示，认为建造金字塔时运送材料的通道在金字塔内部，而且是一个螺旋状斜坡，但金字塔四个角落开天窗，然后工人们将石块移上去，砌完后将露天的角位填堵。采用这一技术，修建金字塔只需4000人，而不是以往历史学家所说的10万人左右。

以柔克刚的应县木塔

以柔克刚，是中华民族的智慧。在建筑领域，西方多石质建筑，而我国则多木质建筑，特别在传统建筑方面，我国的木质建筑通过柱梁结合、榫卯穿插、斗拱铺垫、斜撑横拉等一系列巧妙措施，增强了稳定性和抗击来自外力的破坏的能力。应县木塔就是这种"软性联接，以柔克刚"结构形式的范例之一。

应县木塔位于山西省应县城内西北佛宫寺内，是我国现存唯一的纯木结构楼阁式塔。总高 67.3 米，相当于20 层楼的高度，结构精巧，雄伟壮观，不仅是中国现存木构建筑之最，也是当今世界上古老高大的木结构建筑之最，被誉为世界建筑史上的奇迹。

应县木塔建于 900 多年前的辽清宁二年（公元 1056 年），造型优美，轮廓线变化富于韵律感，"远观擎天柱，近似百尺莲"，充分展示了它巧夺天工的艺术魅力。历代帝王将相，学者名流，慕名登临，题字赞赏，其中"天柱地轴"一款，最为精妙。明成祖朱棣于永乐四年（公元 1406 年）北征时曾登临此塔，并书有"峻极神功"；明武宗朱厚照于正德三年（公元 1508 年）登塔宴赏时，题写有"天下奇观"。这些都制成匾额，悬挂于木塔之上。

通观木塔，塔身就建在一个 4 米

高耸云天的应县木塔

高的台基之上，外观 5 层，内部 1～4 层，每层又有暗层，实为 9 层。塔身高约 52 米，整体呈向内均匀递收的变化，最上部高耸矗立的塔刹高达 10 米。塔底平台呈八角形，直径 30.27 米，是古塔中直径最大的一座。底层重檐，以上各层为单檐，外观感觉是 6 檐木塔。

塔的各层装有木制楼梯，可逐级攀登直至顶层。自第二层以上八面凌空，豁然开朗，门户洞开。每层塔外均有平座和栏杆，人们凭栏远眺，风光尽收眼底。整个塔体全为木建，每层均有两圈大柱，内圈有 8 根柱子，外圈有 24 根柱子。塔身从上到下，从内到外，共使用了 54 种不同形式的斗拱，为我国建筑史所罕见。

应县木塔屹立近千年，饱经沧桑，

曾经历过十几次地震的考验。据文献记载：元顺帝时的1328年，应县大震7天，城内其他建筑一一倒塌，唯有木塔岿然不动。近百年来，河北邢台地震、唐山地震、内蒙古和林格尔地震等都有波及，可木塔没有受到任何损害，说明木塔具有很强的抗震能力。

木塔之所以屡遭地震而稳如泰山，全得益于它独特的结构设计，还有诸多抗震技法的综合应用。首先，木塔有一个坚实牢固的基础，高达4米的石砌基座，像一个"浮筏"，能够有效地避免建筑的基础被震波剪切破坏，减少地震对上部建筑的冲击。同时塔体采用内槽柱和外檐柱的布局方式，内槽柱内供奉佛像，其中一层迎面的释迦佛像就高约10米。外檐柱内为游人空间，从而使可用空间大大加强。由于内槽柱的应用，建筑的重心支点，由点变成面，使塔体稳定性加大，塔身的刚度也大大提高。

其次，在塔的5个明层和4个暗层分别组成的构架层中，每层均使用柱枋、斗拱相互拉接，榫卯穿插济固，层层垒叠，形成了一个刚中有柔的稳固体。这种连接形式类似于半固结半活铰的状态，能承受较大的弯矩，可消解地震产生的破坏能量。木塔通过柱子与上面梁枋连接，形成一个筒体的框架，保证了构架的稳定性。这种"内外筒体加水平桁架"的结构体系，被誉为"现代高层建筑筒体结构的先驱"。如今，双层套筒结构已为现代摩天楼所采用。

木塔斗拱及匾额

此外，在塔的各暗层中还发现使用大量的梁柱斜撑，斜撑可增强抵抗水平冲击的能力。于是四个暗层就成为四个"刚环"，整个塔身中均匀地布下了这样四个"刚环"，有效地增强了木塔的整体性，对于抵御风力及地震波的惯性推力带来极大益处。

还有，塔身采用平面八角形，也是一个重要因素。雁北平原长年累月的风力威胁着木塔，木塔改方塔体为八面体，这样受力面的风压力大大小于四面体。同时，八面体可以使无论从任何水平方向传来的巨大风压，包括地震均能得以沿塔身的径向和弦向作对称传递，从而减少了外力对塔体带来的破坏。

值得称道的是，木塔中大量使用了造型各异的斗拱，这些斗拱不但挑出平座栏杆，而且连接梁柱，当地震袭来时，斗拱就能像汽车的减震器一样，起着变形消能的作用。这里，斗拱成了加固塔体的重要手段。

综上所述，应县木塔表现出结构、技术与形象的高度和谐统一，反映出我国古代工匠的高超智慧，值得自豪。

闻名遐迩的比萨斜塔

比萨斜塔位于意大利中部古利亚海东岸的比萨城内,与著名的比萨教堂为邻。此塔始建于 1174 年,由于地质和资金等原因,在经历了 176 年的建建停停之后,终于在 1350 年建成,成为世界上建造时间最长的塔。比萨斜塔共 8 层,高 54.5 米,全部用白色大理石砌筑而成,总重量达 1.42 万吨。塔内有 294 级螺旋状楼梯,可盘旋而上,站在塔顶眺望,比萨全城风光尽收眼底。比萨斜塔古朴秀巧,塔身洁白,雕像精美,雄伟壮观,但塔体倾斜,登临其上,让人有摇摇欲坠之感。

倾而不倒的比萨斜塔

比萨斜塔原本是比萨大教堂的一个钟楼,因为塔的倾斜而"喧宾夺主",成为闻名遐迩的建筑奇观。在最初修建时,塔身端正,可修到第三层时,塔身开始向南偏倾,于是不得不中途停工。这一停便是 94 年,到第 95 年继续施工。人们为了纠偏,将原底层塔壁 4 米的厚度,到上部逐渐减薄,南面用的大理石厚度仅 2 米,建到七层后,又在上面加盖了一个钟楼,并使这个钟楼稍微向北倾斜,用以修正。因此,人们仔细观察会发现,比萨斜塔如同一个香蕉,顶尖部分少许有些倾斜。但是,这些办法都未能阻止斜塔继续倾斜。到塔全部建成后,塔顶中心点偏离垂直中心线 2.1 米。

那么,塔为什么会发生倾斜呢?原因有三:一是塔建在古海岸边缘,地质沙化松软;二是地基处理太浅,仅有 3 米,没有接触到地下的岩石;三是塔身全部用大理石建造,塔体重量太大,地基负荷超重,无法承受塔的压力。正是这些,才导致塔的不断倾斜。

有趣的是,比萨斜塔的倾斜率变化不定:1829 ~ 1910 年,平均每年倾斜 3.8 毫米;1918~1958 年,平均每年只倾斜 1.1 毫米;1959~1969 年,平均每年增至 1.26 毫米;1979 年 7 月~1980 年 6 月,一年时间就倾斜 1.4 毫米。有人曾以此为基准做过推算,若继续倾斜,比萨斜塔 20 年以后可能会倒塌。

然而,这座斜塔历经 600 多年却倾而不倒,这其中又有何奥秘?首先,得益于塔近 200 年间的时停时建。由于塔建在松软的地基上,当建到第四层至第七层时，塔基下的地层出了问题，软土中的"沉淀物"使地基土层由南向北变薄，致使塔身倾斜。但长期的停工挽救了这座塔，因为停工期间软土有时间变得比较坚固。另外，塔身全部用石头砌成，每块石头都是石雕佳作，石与石之间的黏合剂极为巧妙，有效防止了塔身的断裂。

比萨斜塔长期倾斜，傲然挺立，反而"因祸得福"，名声大噪，成为意大利人的骄傲。甚至在比萨城的市民中流传着一句俗语："斜塔就像比萨人一样健壮结实，而永远不会倒塌。"其实这是一个虚幻的梦话，塔的危机已逼在眼前。1990年经测定，塔身向南重心已偏离垂直中心线 4.938 米，斜塔岌岌可危。当年意大利政府关闭了斜塔，停止向游人开放。

塔身的廊柱

为了挽救斜塔，意大利政府成立了"比萨斜塔拯救委员会"，并向全世界征集"扶正"方案。早在 1972 年，意大利就曾向世界招标，征求方案。在此后的 10 多年间，意大利公共工程部共收到 900 多个方案。有的提出用充气球将塔吊直。也有的提出在塔旁另造一幢饭店来支撑它。有一个德国青年提出的方案更为有趣，建议将斜塔吊起后转动 180 度，再置回原塔基上，说是再过 800 年，这座塔就挺直

了。这大概是根据负负得正的理论吧。但是最终没有一个方案中标。这次征集方案，中国专家也为纠偏出谋划策，对制定比萨斜塔扶正方案起到了重要的参考作用。

经过反复论证，最后选择了一个非常简单的办法，那就是从比萨斜塔的北侧挖走部分渣土，使塔的倾斜自然北移。通过前期的钢圈箍住塔身，钢索斜拉和铅块配重等措施，然后从塔基下 20 米处缓慢挖取 500 立方米土，使塔慢慢回位。此方法使比萨斜塔向北归正了 43.8 厘米，恢复到十八世纪末的水平，足以保证在 300 年内不会倒塌。2001 年 12 月，关闭了 12 年的比萨塔又重新对外开放，游人可继续观赏斜塔的风采。

说到斜塔，还有一个与大科学家伽利略有关的故事。1590 年，出生在比萨城的意大利物理学家伽利略，曾在比萨斜塔上做过一次著名的自由落体实验。长期以来，人们一直认为"不同重量的物体落地速度不同"，伽利略积多年研究经验，对此欲予以否定。一天，他站在塔顶，一手拿 10 磅的铅球，一手拿 1 磅的铅球，双手同时抛下，结果是以同样的速度落地，一举推翻了希腊学者亚里士多德统治千年之久的定律，在科学界传为佳话。

高耸云端的巴黎铁塔

巴黎是闻名世界的浪漫之都，就连埃菲尔铁塔也充满着浪漫色彩。1884 年，为了迎接世界博览会在巴黎举行，同时为纪念法国大革命 100 周年，法国政府决定修建一座永久性纪念建筑。消息一出，很快就收到 700 个设计方案，经评比筛选，最后确定建筑工程师居斯塔夫·埃菲尔的方案为中选方案。这个设计非常时尚，是一座高达 300 米的铁塔，体现了当时那个世纪的建筑技术成就，体现了最大胆，最进步的建筑工程艺术，也成为当时席卷世界的工业革命的象征。

巴黎人从来都以自己古老的历史和传统文化而骄傲，而要让一座铁塔耸立在巴黎的上空，简直难以让人接受。在他们的心中，巴黎圣母院、卢浮宫、凯旋门、香榭丽舍大街那些石头的建筑，才是真正的艺术。尽管埃菲尔设计的铁塔基座象征性采用了凯旋门的"拱"这样古典主义建筑元素，但材料和结构的重大革新，远远超出了习惯于古典主义石头建筑的人们的接受程度。特别是来自艺术界的批评更为猛烈，他们认为铁塔压低了城市的其他地标，损害了巴黎的名誉和形象。在当年的《泰晤士报》上，甚至刊登了由 300 人签名的反对书，声称如果建成将会把巴黎的建筑艺术风格破坏殆

尽。在反对的人群中包括颇有名望的莫泊桑、小仲马等人。

埃菲尔铁塔雄姿

在一片非议和反对声中，铁塔于 1887 年 1 月 26 日正式开工，250 名工人冬季每天工作 8 小时，夏季每天工作 13 小时，历时两年多时间，这座钢铁结构的高塔终于在 1889 年 3 月 31 日大功告成。施工完全按照设计进行，中途没有任何改变。铁塔共用部件 1.8 万个，重达 700 多吨，施工时共钻孔 700 万个，使用铆钉 250 万个，由于铁

塔上的每个部件都有严格的编号，所以装配时没有出一点差错。施工的管理也非常到位，从未发生过任何伤亡事故。

巍然耸立的铁塔有 300 米高，分为三层，每层都有凭栏远眺的高栏平台，还有从下可以攀登而上的 1710 级价梯。铁塔的第一层高 57 米，由 4 座钢筋混凝土结构的墩柱支撑着，下面为面向四方敞开的大拱门。第二层距地面 115 米。第三层距地面 276 米，在第三层处建筑结构猛然收缩，直指苍穹。

1889 年 5 月 15 日，为世界博览会开幕式剪彩时，铁塔的设计者居斯塔夫·埃菲尔亲手将法国国旗升上铁塔的 300 米高空。由此，人们为了纪念他对法国和巴黎的这一贡献，遂将铁塔命名为"埃菲尔铁塔"，还特别在塔下为他塑造了一座半身铜像。

建成后的铁塔非常壮观，它代表了法国经济社会和科学技术的发展水平，也代表着那个时代的精神，巴黎不仅是"艺术之都"，从而也成为"科学技术之都"。这座独一无二的建筑，使巴黎在世博会上大放异彩，科学家爱迪生曾赞美铁塔是"宏伟建筑的勇敢建造者"，以至它成为工业文明的杰作，成为法国至高技术的符号，也成为巴黎的象征。

起初人们对铁塔持怀疑态度，但最终还是认可了这一建筑奇迹。当时铁塔的设计寿命只有 20 年，而且当时的招标条件是一定要容易拆毁。然而

铁塔在经历了百余年之后，至今仍然屹立不倒，这其中有何"长寿"的秘密？法国工程师研究发现，埃菲尔铁塔当初在建造时并非用的是标准钢材，而是使用了一种名为"锻铁"的材料。锻铁是 19 世纪的一种特殊的铁板经过加热和锻造处理后形成的材料，它和钢铁在表现形式上完全不同。而埃菲尔铁塔之所以如此坚硬，在很大程度要归功于"锻铁"。

在巴黎铁塔落成后至今，发生了许多有趣的事情。先说这个"钢铁巨人"，每年都要长一次个子。由于热胀冷缩的缘故，在炎热的夏天，铁塔因受热膨胀而自动升高约 17 厘米，但在天气变冷时，它又自动收缩至正常水平。每隔 7 年，铁塔还要"美容"一次，穿上鲜亮的"新衣"，如今已进行了 19 次"美容工程"，共用掉油漆 300 多吨。

埃菲尔铁塔坐落于风光秀丽的塞纳河畔，直冲云霄，令人震撼。自 1889 年启用到 2014 年 3 月 31 日已建成 125 周年，这期间铁塔发生了不少变化，塔顶上安装了广播电视天线，使塔高增至 324 米。后来又安装了观光电梯，塔上还设有高档餐厅。铁塔不仅成为巴黎的标志性建筑，也成为世界著名景点，每年登塔观光的游客达 700 万。人们登塔远望，巴黎所有的建筑都会一览无余。埃菲尔铁塔曾保持了 42 年的世界最高建筑的记录，直到纽约帝国大厦的出现才将其取代。它是世界上最宏伟的钢铁建筑。

马来西亚的联体双塔

马来西亚的首都吉隆坡，位于马来西亚半岛中央偏西海岸。在马来语中吉隆坡的读音为（Kuala Lumpm）"瓜拉隆坡"，意思为"泥泞的河口"。从1857年开始，就有华侨来此开采锡矿，由于吉隆坡位于巴生河及其支流的汇合处，锡矿的泥沙从上游冲下来淤积在这里，一下雨到处泥泞不堪，所以人们就把这个地方叫"吉隆坡"。

真是沧海桑田，世事巨变。经过100多年的努力，这个昔日的烂泥湾、"泥泞的河口"，便一跃而成为著名的观光旅游城市和马来西亚政治、经济、文化、商业和社交中心。可以说，吉隆坡的嬗变是华人矿工发展起来的。来到基隆坡，还未进城，远远望去，一栋地标性的建筑就跃入眼帘。只见双塔耸起，气势雄伟，在阳光的照耀下熠熠生辉，这就是闻名世界的双子塔。双子塔又称"石油姐妹塔"，是马来西亚国家石油公司总部的办公大楼。

马来西亚双子塔

双子塔由两座独立的塔楼和裙房组成，每座单塔高452米，各88层，由于塔身为圆形，并向上逐渐收拢，塔尖挺拔，直指云天，宛如两根冲出地面的竹笋，富有生机和活力。同时它又像两个竖起的玉米棒，显得硕果累累，象征着财富和实力。

双子塔豪气冲天，创造了基隆坡城市建设的新地标，也成为马来西亚国家志向的代表，预示着他们要向发达国家迈进。1996年双子塔刚一落成就跃居世界摩天大楼之首，刷新了世界第一的高度，将美国芝加哥西尔斯大厦抛于身后，打破了它保持了22年的442米的最高纪录。这幢建筑之所以双塔并肩，是因为马来西亚在地理上分为东马和西马，隔海相望，双子塔在41层和42层之间，用一座天桥将其连接起来，这样双塔就成为马来西亚的象征。

双塔大楼位于吉隆坡市中心的黄

金地段，这个工程由美国建筑设计师西萨·佩里设计，整栋大楼的设计风格体现了吉隆坡这座城市年轻、时尚、现代化的城市个性，突出了标志性景观设计的独特性理念。整座建筑面积 28.95 万平方米，从 1993 年 12 月开工建设，1996 年 2 月主体封顶。当初建造时，以每四天起一层楼的速度，足足建了两年半，可见当时的马来西亚向世人展示自己经济发展成果的骄傲。1998 年双塔正式投入使用，为此马来西亚国家石油公司耗资 12 亿美元。

双塔建筑除了办公区，塔内有马来西亚最高档的商店，销售的都是品牌商品。塔内还有一个石油博物馆、一个堪称东南亚最大的古典交响音乐厅和一个多媒体会议中心。这里值得关注的是，塔楼有一大特色是它的天桥。这座有人字形支架的桥似乎像一座登天门，连接双子塔的空中走廊，是目前世界上最高的过街天桥。天桥长 58.4 米，距地面 170 米。站在这里，可以俯瞰马来西亚最繁华的景象，也让人感到有说不出的美妙。由于塔楼的表面材料全部由铝合金、不锈钢和钢化玻璃组成，所以塔的外观具有独特吸引力。白天遥望双塔，那优雅闲适的外形在阳光下焕发出银色的光辉，美韵十足，让人着迷。而到了夜晚，灯光照耀下的双塔，晶莹瑰丽，更是另外一番景致。

每个城市都有自己的地标，双子塔无疑是基隆坡这座城市耀眼的徽章。美丽的双塔名扬世界，每年吸引着无数游客前来一睹风采。就连电影摄影师也看中此地，好莱坞影片《偷天陷阱》中的那幢联体摩天大楼就是在此拍摄的。这里还曾发生过一件有趣的事：2009 年 9 月 1 日，号称"蜘蛛人"的法国攀爬高手阿兰·罗伯特，爬上 452 米高的双子塔的塔顶。那天清晨太阳还没有出来，他就开始攀登，他身着黑衣，动作迅速，不到两小时就徒手攀上了塔的顶端，他伸开双臂为自己祝贺。这时安保人员才发觉此事，这下可惹了麻烦，由于事先未获批准攀楼，他因非法侵入而遭到警方指控。

吉隆坡的双子塔保持了 8 年的世界最高建筑记录，直到 2003 年 10 月，台北的 101 大楼封顶，才将其超越。之后又有上海环球金融中心、上海中心大厦、阿联酋迪拜塔遥遥领先。尽管如此，它仍排在世界十大摩天大楼之列，是目前世界最高的双塔建筑。自从 9·11 事件摧毁了纽约世贸双塔后，吉隆坡双子塔就稳坐全球双塔建筑的头把交椅。如今，曾拥有世界最高塔楼的迪拜，又一次自信心爆棚，得意洋洋地干起了它最擅长的事：宣布要建造全世界最高的双子塔建筑，这项工程将是又一轮迪拜建筑热的点睛之笔，最后的结局如何，人们将拭目以待。不过，吉隆坡双子塔在人们心中有着不可动摇的地位。

堪称第一的哈利法塔

《圣经》里有一个通天塔的故事，说是远古的时候，人们齐心协力，决心造一座能直耸天际的巨塔，那塔直插云霄，似乎要与天公一比高低，人们期望以此登上天堂。不过，那座塔最终还是没有建成。如今，人们将梦想变为了现实，哈利法塔就是现代的通天塔。

哈利法塔，原名迪拜塔，又称迪拜大厦，它位于阿联酋迪拜市中心繁华地段，是一座拥有 160 个楼层，高达 828 米的摩天大楼。这一高度挑战了世界建筑的极限，为世人所惊叹，从而雄踞全球第一高塔的宝座。

有一句谚语说："沙子上建不起摩天大楼"。可阿联酋人就是不信邪，偏偏要在沙滩上兴建世界第一高楼——迪拜塔。这是一个近乎疯狂且极具创造力的设想，2004 年 9 月 21 日，这座塔在人们的期盼中正式开工。大楼采用 192 根直径 1.5 米的螺旋灌注桩，并打入地下 50 米深处，承载着厚 3.7 米的混凝土伐板基础。迪拜塔矗立在沙漠之

世界最高的哈利法塔

上，打桩是第一件事，由于底层岩石浅，浸满了地下水，若采用常见的旋转式钻孔，钻好的洞就会立即塌陷。为此科技人员发明了在钻孔中注满一种特殊聚合物泥浆，这样就防止了孔洞塌陷。为应对未来可能的下沉，在建设过程中每层的实际高度都要比设计高出 4 毫米。

迪拜塔的设计也很特别，建筑采用了一种具有挑战性的单式结构，由连为一体的管状多塔组成，形成具有时尚先进的太空时代风格的外形。基座采用了富有伊斯兰风格的几何图形，塔的平面呈"Y"字形，其灵感来自沙漠之花蜘蛛兰的花瓣与花茎，以此在结构上形成支翼与中心核心筒之间的组织原则。大厦的三个支翼是由花瓣演化而成，每个支翼自身均拥有混凝土核心筒和环绕核心筒的支撑。大楼的中心有一个采用钢筋混凝土结构的六边形"扶壁核心"，这是由花茎演化而来的。这一设计使得三个支翼互相联结支撑，拥有严谨缜密的几何形态。楼层围绕核

心筒呈螺旋状排列，增强了塔的抗扭性，大大减小了风力的影响，同时又保持了结构的简洁。随着塔楼的升高，从塔基到塔顶的平面中，总共有 26 个呈螺旋状向中央核心筒的退台设计，这些退台被设计成了便于使用的室外露台。到了最顶端，中央核心筒逐渐显露了出来，形成了塔尖。

在全球经济一体化的今天，这样一座庞然大物，也是典型的多国合作的产品。该项目由美国建筑师阿德里安·史密斯设计，韩国三星公司负责实施。迪拜当地的公司负责供应建材和人力。参与建设迪拜塔的技术人员和工人多达 5000 余人，分别来自比利时、印度和巴基斯坦等 17 个国家。其中数百名中国建筑工人也参与了工程的建设，还承担了大楼表面 10 万平方米中国产玻璃幕墙的安装，在国际舞台展示了中国产品和建设者的形象。

迪拜塔的建设采用了许多高科技，如大楼的垂直方向和水平方向的动态，都由一个全球卫星定位系统进行跟踪。建筑物的重力变化情况，由设置在建筑物中的 700 多个传感器进行实时监测。由于迪拜塔是超级工程，它的身躯暴露在巨大的风力中，如果用传统钢骨架盖塔楼就会受到强风作用而被吹弯，在塔内的人会像在船上一样摇晃不定。最终建筑师求助于高度先进的航空动力学，不断进行风洞测试。

他们通过特殊的塔楼部局，每段以不同方式偏移风向，扰乱涡旋的力量，破坏风势对大楼的影响。

迪拜塔的高度一直是个谜，从不对外公开。这出于两个考虑，一是担心"世界第一高"被他人抢走；二是确实无法预测建成后的实际高度。在迪拜塔之前，中国上海的金茂大厦

形似花瓣的迪拜塔基础

（420.5 米）、芝加哥的西尔斯大厦（442 米）、马来西亚的双子塔（452 米）、中国台北的 101 大楼（508 米），都曾是享誉世界的著名高楼。工程的开发商艾马尔曾表示，迪拜塔就是想争全球第一高的"王者地位"，成为全世界的标志，让迪拜作为世界之城的象征。

经过 5 年的建设，这座耗资 15 亿美元的全球最高大楼终于落成启用，工程耗材大约 33 万立方米混凝土和大约 3.14 万吨钢材。大楼可容纳 1.2 万人，共有 57 部世界最快的电梯。内部设有住宅、办公室、豪华酒店、商场及游泳池等。2010 年 1 月 4 日晚，迪拜塔举行了盛大的落成典礼，宣布大楼的高度为 828 米，同时将迪拜塔改名为"哈利法塔"。

黄浦江畔的超高塔楼

上海，是我国的国际大都会，也是改革开放的最前沿。特别在建筑方面，它更是跨越、超前，引领着时代建设新潮流。那屹立百年的"万国建筑群"已成过去，而今在黄浦江东岸，陆家嘴金融贸易区，一座座摩天大楼拔地而起，直冲云霄，展示出气贯长虹的城市天际线。东方明珠塔、金茂大厦、环球金融中心、上海中心大厦，这一幢幢赶超世界的超级塔楼，开创了城市建设的新地标，反映着上海快速发展的新形象。

东方明珠塔，是二十世纪九十年代上海新建的最高建筑，这一高塔的耸立，一下子触动了人们的视觉神经，对上海刮目相看了。它1991年7月30日动工，1994年10月1日建成。仅三年多时间，就实现了上海建筑向超高发展的跨越。塔高468米，仅次于加拿大多伦多和俄罗斯莫斯科的电视塔，是亚洲第一，世界第三的广播电视塔。

东方明珠塔，设计独特，造型别致新颖，具有浓厚的东方文化韵味。它由三根直径9米的擎天柱，还有太空舱、上球体、五个小球、下球体及塔座组成，形成高高耸立的巨大空间结构。塔体上两颗绚丽夺目的巨大圆球和一个小巧玲珑的小圆球，再加上中间五个不太显眼的小球，犹如一串从

上海东方明珠塔

天而降的明珠，雄伟壮观，成为上海腾飞的新起点。

在与东方明珠塔遥遥相对的地方，有一座88层的超高大楼冲天而起，它以其雄伟的身姿，展现在人们眼前，这就是高420.5米的金茂大厦。1998年8月28日大厦刚一落成，就排名世界第三，荣获"中华第一高楼"的美誉。

大厦最富特色的是从56层直至塔顶，有直径27米，高152米的建筑空间，构造了世界最高的中庭，身置"空中庭院"，从上往下看，金银交错，光华烂漫，似乎一盏灯、一幅画、一件装饰品、一块地面石，不经意间都闪着灵光。金茂大厦的先进不完全显其高，

更显其建筑的科技含量。如基础钢管柱就有1062根，并将其打到地壳岩石层的90米处，总用钢量达1.8万吨，创造了中国之最。大厦不仅造型美观，且结构科学合理，主体为筒中筒结构，内筒和外筒通过各楼层的铰接钢梁以及楼板连接，再加上三道水平钢结构外伸桁架，像三个"箍"子加强了内外筒之间的联系，使大楼保持必要的稳定性，能经得起7级地震和12级台风。

竞相崛起的超高塔楼

环球金融中心，是浦东的又一座超高建筑。它2008年8月28日建成，以101层492米的高度，超过了金茂大厦，成为上海乃至中国大陆的第一高楼。2003年台北的101大楼，将世界摩天大楼的高度提升到508米。环球金融中心的最大亮点是，在其顶部94～100层之间，镶嵌了一个倒梯形"风洞"，在风洞中间偏下位置，97层即439米处，建有一座横跨"风洞"的

观光桥，站在这里，仿佛徒步天际，蓝天白云触手可及。放眼望去，上海的城市美景可尽收眼底。"风洞"这一造型除考虑建筑的外形、方便人们观光等因素外，另一个重要作用就是能有效减弱风力。当台风刮来时，人们在超高建筑里可能会感到轻微摇晃，而"风洞"则能明显减弱这一感觉。

环球金融中心在距地面474米的100层处，还建有长度55米的"观光天阁"，这是一个悬空透明的玻璃走廊，为目前世界上最高的观光设施。内部地面上设有三道透明玻璃地板，走在上面还能体验一回空中漫步的豪情快感。观光天阁超过了"世界最高观光厅"加拿大CN电视塔447米的高度，已入选吉尼斯世界纪录。

上海陆家嘴简直刮起了超高塔楼竞赛风，2014年8月3日，这里又一座超级工程上海中心大厦宣告封顶，建筑主体为121层，随着120度螺旋形塔身的上升，再一次刷新了上海超高建筑的记录。这座摩天大楼达到了632米的高度，成为浦东最重要的标志性建筑，是名副其实的"中华第一高楼"。2015年大厦建成运营，它与北侧的金茂大厦，东侧的环球金融中心，呈现出"品"字形布局，形成"三足鼎立"之势，群楼竞秀，相映生辉，各具风采。

精绝神妙的古代建筑

雄伟壮观的万里长城

雄伟壮观的万里长城，横亘于我国北部河山，它东西绵延，气势磅礴，气魄宏大，是人类建筑史上罕见的古代军事防御工程。长城是中华民族的骄傲和象征，被誉为我们民族的脊梁。

据史料记载，长城的修建已有 2000 多年的历史。早在春秋战国时，诸侯国就开始修筑长城。当时，我国北方地区民族纷争连年不断，同时也出现了诸侯争霸、穷兵黩武的纷乱局面，于是各诸侯国纷纷修筑长城，外御强敌，内保统治。到今天，还保存着燕、赵、魏、齐各诸侯国长城的遗迹。

秦始皇统一中国后，派蒙恬"将三十万众，北逐戎狄"，并且在燕、赵、魏防御匈奴的旧长城的基础上加以连接和扩建，耗时 10 年，建成了蜿蜒漫长的万里长城。秦长城西起甘肃临洮，沿黄河东到内蒙古临河，北达阴山，南到山西雁门关等地，接燕国北长城，经张家口东达燕山，一直绵延到辽东。

从汉朝到明朝，长城的修筑无论从长度、工程质量和工程规模，都远远超过秦长城。早期的长城墙身都是用土或土中夹杂着小石子夯筑。而明代长城是用砖石砌筑，内部夯土；在工程技术上也有很大的改进，在一些重要地段，砌筑特别严密，以至许多地方杂草都无法生长，可见其坚固之程度。

修建长城必须懂得和应用数学、

蜿蜒起伏的万里长城

力学、几何学、测量学、地质学、建筑学以及组织、运输等多种科学技术和知识。并根据地区特点，"因地制宜，就地取材，用险制塞"。长城的修建是我国古代劳动人民创造的奇迹，没有高超的智慧和非凡的勇气是很难完成这项艰巨工程的。

有一首歌谣唱到："万里长城万里长，长城外边是故乡。"那么，长城到底有多长呢？2012 年国家文物局首次公布了历代长城的数据，总长度为 21196.18 公里。长城分布于北京、天津、河北、山西、内蒙古、辽宁、吉林、

黑龙江、山东、河南、陕西、甘肃、青海、宁夏、新疆等 15 个省、自治区、直辖市，包括长城的墙体、壕堑、单体建筑、关堡

长城上的烽火台

和相关设施等长城遗产 43271 处。

目前我们能见到的，比较完整的长城，大多是明代修建的。它西起甘肃嘉峪关，东到辽宁丹东虎山，总长度 8851.8 公里，其中人工墙长 6259.6 公里。如北京八达岭的长城，就是明代长城的杰出代表。这段长城的墙基宽约 6.5 米，顶宽约 5.8 米，墙顶铺有三四层城砖，表层是方砖。墙顶外侧砌有高 2 米的垛口。远远望去长城犹如一条巨龙，随山势起伏，逶迤蜿蜒，蔚为壮观。

长城上有一个重要建筑是烽火台，它是通信和报警用的。一般都建在山岭的最高处，两两相距约 1.5 公里。一旦遇到敌情，日间焚烟，夜间举火，接递通报，传送信息。烽火台实际是一种光学通信手段，只要在人的视觉范围之内，它的传递速度是相当快的，其效率远比派人骑马送信要快得多。

20 世纪 90 年代初，中央电视台曾拍摄过一部大型电视纪录片《望长城》，曾对烽火台传递信息作过试验，结果烽火传信的速度比蜜蜂 3 号超轻型飞机的速度还要快。这是因为烽火传递用的是光学原理，飞机传用的是机械原理，由此可反映出我们祖先的智慧。

长城上还有一个重要建筑——关楼，万里长城最西端嘉峪关的关楼的修筑就很特别。说起它的修建还有一个有趣的故事。当时在修筑关楼时，工匠们考虑到越往高处修脚手架问题不好解决，也容易发生危险。一天，有一个工匠看到几个小孩在玩沙堆造房子，孩子们先在沙堆中插入几个木棍，然后将多余的沙掏空，一个房子就建成了。这位工匠由此得到启发，他用黄土堆成一个 17 米高的高台，从上往下修筑。先建好一层顶盖，再立柱子，然后除去一层夯土，再盖下层，再立柱子，关楼就这样盖成了。所以嘉峪关关楼的建筑有"三大"，即大屋檐、大圆柱、大台基，这"三大"巧妙地将力学原理结合在一起，成为长城建筑中的一个奇特范例。万里长城现已成为著名的世界文化遗产。

气势巍峨的西安城墙

西安，有着悠久的历史和众多的文物古迹，其中西安城墙是中国古代最著名的城垣之一，也是当今世界上保存最完整、规模最大的古代城墙。

西安城墙是在唐长安城皇城的基础上扩建而成的。从明洪武三年至十一年（公元1370～1378年）修建，历时8年。今天我们看到的西安城墙就是明代城墙的形态，城墙高12米，底宽15～18米，顶宽12～14米，外围周长近14公里，是一个功能设施完备的军事防御工程。城墙全部用青砖包砌，垒筑巍峨，威严壮阔，被称为围拢起来的长城。

西安城墙最初并非砖砌，而是用黄土夯筑的。修建时用最干净的黄土，过筛后加上石灰、细沙和一些很小的麦秸，掺水后进行夯实。这种用三合土夯实的城墙相当坚实，可达到刀锥不入的程度。每修好一段城墙，官吏在验收时，站在距墙10米处，用弓箭去射墙体，箭头射不进去，表明墙体合格，否则就要重罚。这样的城墙虽然坚固，但也禁不住雨水的侵蚀。

到了明朝隆庆二年（公元1568年），由陕西巡抚张祉对城墙进行大规模的修整，在土城墙上第一次包砌了城砖。这样不仅可以提高城墙的防水能力，还能在作战时发挥防御作用。城墙修整时使用了大量的青砖，这种砖比一般民用建筑用砖要大得多，体积接近于现代砖的8倍，城砖平均长45厘米，宽23厘米，厚10厘米，重有50多斤。经过计算，明西安城墙用砖总数大约在2600万块以上。

这次修葺的西安城墙，由城墙、城楼、箭楼、敌楼、角楼、瓮城等组成，同时深挖了护城河，形成了立体的城墙防御格局。特别是瓮城的修筑，在箭楼和城楼之间形成一个比较狭窄

巍峨的西安城墙

的地带，一旦敌人攻门而入，在此不易展开进攻，于是城墙上的守军，则可居高临下，形成四面包剿之势，给敌以致命打击，犹如瓮中捉鳖。

城墙的修建尽管趋于合理，但在排水系统上还存在诸多弊端，每逢大雨，由于城墙上排水不畅，极易造成墙体侵蚀，也危及到城墙的稳固。清朝乾隆年间，陕西巡抚毕沅到任后，第一件事就是加固城墙。这又是一次大规模的维修，这次主要将城墙顶用三层城砖墁砌，俗称"海墁"，统一向内倾斜5～10度，每隔60米左右修建一个排水槽，整座城墙共修建了160个排水槽，使城墙顶部的雨水能够及时排出，对城墙起到了极大的保护作用。

在城墙外侧，每隔一定距离，还有一段凸出的墙体叫马面，又称敌台，因外观狭长，如马面而得名。马面的主要功能是消除城下的死角，防止敌人迂回到城下攻城。在马面上一般都建有敌楼，两楼之间的中心点相距120米，正好在弓箭60米的有效杀伤范围之内，一旦出现敌情，城墙上、左右敌楼上三面可同时射击，大大提高了城墙的战斗力和防御功能。

西安城墙在修建时，所用材料也很讲究。让人感到奇妙的是，在重要位置的砌筑中，灰浆中竟掺有糯米汁。文物工作者在对含光门段城墙修整时，发现城砖之间的结合非常紧密牢固，坚硬得和石头一样。施工人员想将这些灰缝层刮掉，即使使用斧凿和刀砍都不能奏效，这种建筑材料甚至比混凝土还结实。工作人员将拆除下的城砖里的原始灰块拿去鉴定，科技人员通过化学鉴定和红外光谱分析得出结论：西安城砖的缝隙黏浆里，以石灰为主要成分，另外添加了糯米汁。这是我国劳动人民发明创造的一种高明的传统建筑技术。这种建筑技术凝结了历代工匠的智慧并经受了时间的考验，是非常科学的。

西安城墙从隋代修筑算起，已有1400多年的历史；从明代扩建至今，也有600多年的历史。西安城墙像一

西安城墙西南城角

部厚重的古典书籍，记载着十三朝古都的变迁和历史的沧桑。

2015年2月15日，习近平总书记在视察西安城墙时称道："西安城墙是世界级的宝贝。"

的确如此，西安城墙不仅是全国第一批重点文物保护单位，而且是闻名世界的古迹，众多国家元首和国内外游客常来此登临，现已成为一个著名的旅游景区。

神秘奇特的故宫建筑

故宫又称紫禁城，位于北京中轴线的中心，是我国现存最完整的古代宫殿建筑群，也是杰出的世界文化遗产。故宫是在元大都的基础上经明清两代扩建、修葺而成的。故宫始建于明永乐四年（公元1406年），到明永乐十八年（公元1420年）建成，迄今约有600年的历史。

故宫占地72万多平方米，有房屋9000多间，宫墙高12米，周长3400米，外围是52米宽的护城河，形成一个森严壁垒的城堡。规模宏大的故宫，是皇帝举行大典礼仪、处理朝政、行使权力和生活的地方。这里的建筑集中体现了我国古代建筑技术和建筑艺术的辉煌成就。

故宫是一座独特的"城中之城"，这里的建筑不仅壮阔大气，而且还有许多奇特之处。故宫有三大宫殿，即太和殿、中和殿、保和殿。在保和殿的后檐，有一块大型云龙雕石，长16.57米，宽3.07米，厚1.7米，重达200多吨，上面雕有9条蟠龙，五座山，中间流云，下为海水江河。据历史记载，它是从距北京90公里的房山县运来的。在过去没有大型起重运输设备的情况下，人们专等数九寒天、滴水成冰之日，每隔一段打一口井，然后泼水浇路，冻成冰道，即使在这种情况下，用数十匹马来拉，每天也只能缓慢移动3公里左右。经过28天的艰苦旅途，最终将这块巨石运到故宫之内。

紫禁城另一个奇特之处是，城内有4处实心房。从外面看是整整齐齐的房屋，可里面全是用石头砌成的。这些房子的梁柱、斗拱、椽头等都是石头的。屋架是用石头雕的，表面做了彩绘，不知内情的人感到奇怪。其实，这是建筑师们特意设置的一道防火墙。

此外，紫禁城三大殿的地砖也很特殊，据说它们是用上好的坯料，倒入糯米汁，经过千百回翻、捣、摔、

金碧辉煌的故宫建筑

揉，制成坯后，放入专门的房中，关上门窗，经过5个月的阴干，然后再经百余天的避免直接受火的烧制。这样烧成的砖，细腻如脂，重如金，明如镜，

叩击有金石之声，故称之为"金砖"。烧制金砖，一般用近一年的时间才能烧制完成。明嘉靖年间，烧制5万块金砖，用了3年时间。一块金砖的造价，相当于一石米的价格。金砖墁铺时，还要经过细磨加工，浸泡生桐油等处理。用这样的砖铺出的地面，其精美程度可想而知。

保和殿外的云龙雕石

再说紫禁城建筑的屋面，这里都是盖琉璃瓦的斜屋面，它的防水处理特别讲究。宫殿大多采用金属防水层，就是把铅、锡或锡合金经过冶炼铸造成厚3～5毫米的金属板，平放在屋面上，板经对缝和焊接，形成整体封闭的防水层。由于铅、锡板的不透水性和耐腐蚀、耐老化性，再加上精细的施工质量，故防水效果特佳。故宫采用的这种金属防水层，经历几百年都不会漏雨渗水。

人们还会发现，在紫禁城如此大规模的建筑群里，却看不到一个烟囱。在古代没有煤气和电的情况下，皇宫是怎样取暖的呢？

大家知道，紫禁城的建筑都是砖木结构，既要做好防火，又要保护好环境，因为煤、柴燃烧时都会产生黑烟，烟囱会影响故宫建筑的整体美观。当时人们就选择了木炭作为燃料，因为木炭在烧制过程中，已除去了黑烟，于是木炭便成为故宫首选的最佳的也是唯一的燃料。这种木炭都是反复挑选的，统一制成筷子一样长，差不多粗细，坚实耐烧，对环境污染很小。

冬天取暖时，无论是理政的三大殿，还是皇帝后妃起居的寝室，都专门设有暖阁，暖阁内还有暖坑，地下建有火道并有烧炭的炉子，结构和今天北方农村的土炕差不多。每年霜降立冬前后，炉子里的火便熊熊燃烧起来，热气均匀柔和地扩散到地面的各个角落，即使在三九寒冬、滴水成冰之季，整个屋子也是暖烘烘的。

那么夏天，皇宫是怎样消暑的呢？你别不信，皇室里也有冰箱。古时的冰箱是木质的，是一个方形的槽子，里边用金属镶裹，下端有一个孔，用来排泄融化的冰水。这种冰箱大约可容纳1立方米的冰，吸热效果特好。另外，还有一种冰箱，是供御膳房使用的，这种冰箱在中间有一个内胆，胆被冰包围，胆内食品就可以经久保鲜而不会霉败。

设计科学的北京团城

团城坐落于北京北海和中南海之间的位置，与故宫、景山等相映衬，四季风光如画，风景绝佳。团城是一座已有800多年历史的圆台式古老建筑，高出地面4.6米，周围砌有267米的圆形城墙，城台面积4500平方米，它是世界上最小的城堡，在建筑史上有着重要的地位。

从北海琼岛的最高处望去，团城如同一只巨大的花盆，摆在北海公园的南门口。登上台阶，步入团城，只见殿宇林立，树木如盖，小小的团城竟有百年以上的古树数十棵，其中一棵白皮松高约30米，三人合抱才能将其抱拢。这棵800多岁高龄的古松，曾被乾隆皇帝封为"白袍将军"。

团城上的树木，长在一个高台之上，无论是暴雨不断还是干旱时节，它们都能生长茂盛，这是为什么呢？按照北京一年平均降水量600毫米计算，大树仅靠"喝"雨水是很难满足其生长的。而且团城高出地面四五米，城中的古树是无法

北京团城外貌

汲取地下水的，团城里面的古树为什么能在无法依靠地下水的情况下，旺盛生长几百年，这其中有何奥秘呢？

人们发现，团城地面上没有排水沟，却有许多渗水口，而且地砖也很特殊，是倒梯形的，有斜面，上宽下窄，透水性强，砖缝之间没有灰浆，这样就将雨水保留下来。古人建造的团城像海绵一样，其蓄水性能之好，这与团城建筑结构的精巧设计有很大关系。

有一天，工作人员发现，"白袍将军"的两个树杈枯萎了，这可急坏了园林工作者，他们分析寻找其中的原因。认为一般树冠有多大，树根也相应有多大，问题应该在根上。最后，园林工作者发现，古树旁有一个古渗井，打开井盖工作人员钻进去，人在涵洞里只能爬行，洞的四周都是由青砖砌成的，涵洞地面上还有一层厚厚的黑土，他们发现古松的根系有些受伤，洞也塌陷了。

这一发现使园林工作人员感到有

些意外，他们一直以为这些渗水井是用来渗排污水的。没想到打开井盖，露出的竟是一条找不到尽头的涵洞。这条洞究竟有多长，雨水怎样在里面滋润树木？发现了涵洞，这似乎就离解开雨水之谜更进了一步。由于涵洞狭窄，高有一米多，宽仅六七十厘米，而且狭长太深，始终无法找到水口的方向。从地面上看，除了分布没有规律的井口以外，就再也找不出任何关于涵洞的迹象了。

为了探明涵洞的走向和雨水渗排有什么关系，园林工作者邀请科技人员采用地球物理电磁法对团城的雨水灌排系统进行了探测，并将9个雨水口进行了标记。科技人员对井与井之间可能走过的路径都进行了细致的探测，这样就第一次绘出了一张地下涵洞组成的排灌系统。探测显示地面上雨水井口所处的位置均是涵洞走向的转折点，整个排灌系统形成了一个英文字母"C"的形状，雨大的时候，这个雨水系统即会发挥作用。

通过分析，涵洞很有助于古树生长的功能，科技人员也从中找出了白皮松树杈枯死的原因。园林工作者在修复塌陷的涵洞时，仍然按照原来这个高度换了一个水泥圆管，结果白皮松又恢复了它的青春活力。工作人员通过对团城雨水排灌系统深入研究后，得出结论：在平常中到小雨时，雨水会通过地砖渗入地下，使土壤保持一种湿润状态；每当大到暴雨时，雨水会通过地面的井口流入涵洞储存起来，形成一条暗河，使植物在多雨时不致积水烂根，在天旱时不致缺水而干枯。

古人用了一个非常简单而又科学的方法来营造团城，但这里却蕴含着改造世界、创造世界过程中的经验总结。团城上的积雨工程解决了人们利用天然雨水的大问题，通过透水砖、渗水井、地下涵洞，起到了雨大时排涝，雨小时储水的作用，保持了树木常青，为人们留下了一片浓郁的绿荫。

团城地面的雨水井口

小小团城，可以说是现代海绵城市的先驱。近年来，国家大力提倡建设海绵城市，就是要充分发挥道路、地面、植被对雨水的渗透作用，使城市像"海绵"一样，对雨水具有吸收和释放功能，能够弹性地适应环境变化和应对自然灾害，使之达到"小雨不积水、大雨不内涝、水体不变质、热岛有缓解"的实效。

小小团城充满了智慧，给人以启迪，团城的建造与设计，将永远留在科学的史册里。

庄严神圣的布达拉宫

举世闻名的布达拉宫，耸立于西藏拉萨市中心的红山之上，是雪域之都和藏民族的象征。布达拉宫海拔3770米，东西绵延360米，南北宽300米，建筑总面积13.8万平方米，是西藏现存最大的宫堡式建筑群，它集中体现了西藏建筑、绘画和宗教艺术的精华。

布达拉宫依山垒砌，殿宇层峦，群楼叠嶂，宏伟壮观，大有横空出世、气贯苍穹之势。整个建筑设计科学，错落有致，充满神奇。花岗岩石组成的墙体，白玛草装饰的墙领，金碧辉煌的金顶，红、白、黄三种颜色交相辉映，主次分明。楼宇之间分部合筑，层层套接，独一无二的建筑风格，体现了藏族建筑与众不同的艺术特色。

据史料记载，布达拉宫始建于公元641年，是吐蕃领袖松赞干布为迎娶文成公主而修建的。当时修建的宫殿有999间，加上红山上的红楼，恰好1000间。后因雷电和战乱遭到破坏，1645年重建了"白宫"及宫墙城门角楼等，1690年开始修筑"红宫"，到1693年工程竣工，前后重建扩建历时近50

宏伟的布达拉宫

年，以后又增建了一些附属建筑，才形成了布达拉宫今天的规模。布达拉宫是全国第一批重点文物保护单位，世界文化遗产。

布达拉宫距今已有1300多年的历史，其间进行过几次小的修整。由于年代久远，木构件虫蛀、腐朽、变形，顶板和地板的建筑塌陷、变形，造成载荷偏移，整个建筑发生倾斜，使得墙壁龟裂，损坏了一些壁画。新中国成立后，国家专门拨出巨款，对布达拉宫进行第一次维修。1994年12月，布达拉宫被联合国教科文组织列入《世界文化遗产名录》。2002年国家又拨出专款，对布达拉宫进行了二期维修。

在布达拉宫的维修中，地基俗称"地垄"，是其中最大的一项工程。因宫殿建在红山之上，深入岩层的墙基最厚达5米以上，往上逐渐收缩，到宫顶时厚度又减为 1 米左右，为防地震，部分墙体还注入了铁水。由于长期的重载，使地基出现应力裂缝和倾斜坍塌，在保持上部建筑稳固的情况下，先进行地基加固。仅清理地下"脚楼屋"的积尘布包就运了 469 卡车，大约 200 吨。然后，对地基进行灌浆处理。完工后的地垄，整洁坚固，犹如一座地下宫殿。

布达拉宫的金顶

布达拉宫维修中采用最多的是"偷梁换柱"和"打牮拨正"两种方法。即将下沉的构件平移，谓之"打牮"，把左右倾斜的构件归正，谓之"拨正"。采用抽换个别残损梁和柱的方法称作"偷梁换柱"。这些奇招发挥了重要作用，既更换了需要更换的构件，又避免了建筑的拆除重建，使整体风格不变。

对于一些木质构件，为防虫防腐，采用喷灌药水的办法，让药物浸入其中。对于一些不太粗的木质构件，则采用蒸熏的办法，先熏上药，再用塑料布包裹，防止蒸发。这些现代化的防腐手段，有效地保证了布达拉宫延长寿命。

为了保持布达拉宫的原始风貌，修复屋顶时使用的是西藏独有的一种"阿嘎石"，这种材料实际上是一种风化石，似土似石，亦土亦石，开始还是一块一块的，保留着石头的形状，使用时一砸便碎了。它可以做屋面，还可以做地面。做地面时将"阿嘎石"夯实磨平，再涂上油，其效果如水磨石一样，平整光滑，亮如明镜。做屋面则使用经过改良的"阿嘎石"，就是在屋顶大片的"阿嘎石"层中掺入防水剂，减少其敷设的厚度，不但减轻了屋顶的重量，也达到了最佳的防水效果。在施工中，只见十几名藏族妇女手中拿着夯打的工具，一边踩着"阿嘎石"，一边唱着歌儿，那优美的动作，动人的旋律，将干活变得像舞蹈一样，很是有趣。

在布达拉宫的女儿墙上，还有一层如同毛绒栽上去的东西，枣红色的边，毛茸茸的，质感很强，这就是用"白玛草"垛起来的墙领。它除了起肃穆的装饰效果外，还起着保暖的作用。白玛草是一种很普通的灌木，用于建筑也是西藏的绝活。将白玛草采回后，用手工在粗糙的石头上把草籽、细枝和草皮磨下去。然后根据建筑的需要，扎成大小形状不等的捆，染上防腐剂和颜色就成了。

冶铜铸就的金殿建筑

在人们的印象里，我国古代建筑基本是砖石结构、木质构架的建筑。可是，人们是否知道，我国还有不少冶铜铸就的铜殿建筑。铜殿建筑是中华瑰宝，作为文物有着无与伦比的价值。因铜殿金光闪闪，耀眼夺目，人们又称铜殿为金殿。金殿是当时中国等级最高的建筑规制，是古代建筑和铸造工艺的灿烂明珠，是我国劳动人民智慧和科技水平的历史见证。

昆明金殿，位于昆明市东北郊的鸣凤山麓，距市区8公里，初建于明万历三十年（公元1602年），是云南巡抚陈用宾仿湖北武当山太和宫，铸铜而建的。到明崇

昆明金殿

祯十年（公元1637年），巡抚张凤翮将铜殿迁至宾川鸡足山。清康熙十年（公元1671年），平西王吴三桂又重建了这座铜殿。殿高6.7米，宽7.8米，深7.8米，16根立柱，36扇格子门，整个铜殿重250吨。至今铜殿的大梁上尚可看到"大清康熙十年，岁次辛亥，大吕月（即十月）六日之吉，平西亲王吴三桂敬筑"的铜铸字样。这座名声显赫的铜殿，为重檐歇山式，仿木结构的方形建筑，包括梁柱斗拱、瓦楞顶槽、屋面门窗、佛像联匾、桌案瓶器、盘龙装饰等，都是用铜铸成。整个殿宇宏伟庄严，美观大方。殿外筑有城墙、城门、城垛，城上有楼。昆明金殿是全国最大的铜殿，也是全国重点文物保护单位。

昆明金殿的兴建，与当地矿业与冶炼技术有关。早在3000多年前商代时期，云南就有了铜矿开采和冶炼技术，开始铸造和使用青铜器。到了距今2000年前后，从战国到西汉时期，出现了高度发达的古滇国青铜文化。昆明金殿建于明清，那冶炼铸造技术就更加成熟了。

北京金殿，位于北京颐和园万寿山佛香阁西坡，俗称"铜亭"，号称"金殿"，建于清乾隆二十年。殿高7.55米，宽约3米，重207吨，坐落在宝云阁汉白玉须弥座上。五台山金殿，在山西五台山显通寺内。建于明万历三十三年，殿高8.3米，宽4.7米，深4.5米，该殿雕花镂空，飞翼翘角，光彩夺目，是我国现存最高的一座铜殿。岱庙金殿，又称"金阙"，在山东泰山岱庙后院，建于明万历四十三年，仿木结构，造型优美，具有设计精巧，工

艺精湛的特点。

武当山金殿，是一座名副其实的"金殿"，它坐落于湖北省武当山海拔1612米的主峰天柱峰顶端，建于明永乐十四年（公元1416年），面宽3间，殿高5.54米，宽5.8米，深4.2米。大殿全系铜铸，全部构件在山下铸成，然后上山安装，外鎏赤金，灿烂辉煌。鎏金相当于建筑物水泥抹缝，制作时将水银用锅烧化，放入金块，然后搅动，待金子化后，成了金泥，水银全部蒸发掉，就用金泥抹涂建筑的缝子和表面，就成了铜铸鎏金的金殿。

说到金子，早在东汉时我国就有金"入于猛火，色不夺金光"的记载，证明古人已懂得金有稳定的化学性能。金在1063℃才能相变，人们常用"真金不怕火炼"来比喻坚贞不屈的形象。金的颜色辉煌耀眼，显而易见，所以人类最早发现的就是它。金很柔韧，可打成万分之一毫米的薄片而不碎裂。所以，一些古建筑常用它来装饰金柱廊檐等。

武当山金殿为重檐仿木结构庑殿顶，上下檐均有明代宫殿做法的斗拱，在柱、梁、枋、额、门窗及天花板上，均线刻出明代彩画纹样。屋面铸出筒板瓦、滴水和瓦当，并镌刻有荷花，正脊、垂脊、正吻、垂兽、合角吻、套兽、小走兽及仙人所骑的鸡，还有飞椽、檩、枋等，犹如木建筑所见，样式完全一致。

殿内神像、几案、供器等全为铜铸，殿基高0.72米，为花岗岩砌成的石台，石台及月台均以精美的石雕栏杆围绕。纵观金殿，给人以庄严凝重、金碧辉煌之感。

武当山是道教圣地，素有"福地圣境"之称。金殿外围是长约1500米的紫金城，城墙由巨大的长方形条石依山势环绕垒砌而成。这座金殿建在武

武当山金殿

当山群峰中最雄奇险峻的天柱峰上，具有"天上瑶台金阙"的效果。

武当金殿是我国现存铜铸殿堂中最为华丽、结构最为精巧、制作工艺最为精湛的一座，具有极高的科学和艺术价值。武当山金殿包括古建筑群，已被联合国教科文组织列入《世界文化遗产名录》。

防守严密的张壁古堡

它的存在简直是个奇迹，让建筑学家都为之惊叹。

张壁古堡位于山西省介休市东南 10 公里的龙凤乡张壁村，背靠绵山，面对平原，顺黄土塬地势建造，南高北低，西、北、东三面为悬崖峭壁，唯有南面有三条向外的通道，可谓"易守难攻，退进有路"。古堡呈长方形，面积 0.1 平方千米，四周有高筑的堡墙，高约 10 米。南北各有堡门，中间是一条长 300 米石板铺就的街道，街东 3 条小巷，街西 4 条小巷。北门筑有瓮城，瓮城城门和北堡门不在一条中轴线上，而是曲尺形状，门开在东侧。南堡门用石块砌成，堡门上建有门楼。街道两旁有古朴典雅的民居建筑，还有小巧的钟鼓楼，宫殿庙宇点缀其间，古建筑上琉璃覆顶、金碧辉煌，反映出昔日的盛景，也诉说着历史的沧桑。

对于张壁来说，最令人赞叹叫绝的还是古堡地下具有极高军事价值的条条地道。遍布的地道为三层立体式相互交织，弯曲迷离，四通八达，形成一个宏大而完整的军事防御网络，被誉为"地下长城"。

这里的地道均为土结构，高 2 米，宽 1.5 米。地道的上层有喂牲畜的土

张壁古堡的地面建筑

槽，中层每隔一段掏有可容纳数人栖身的哨位，底层有宽 2～3 米，长 4～5 米的深窑，是贮藏粮食的地方。古堡中的 6 眼水井，每眼的井壁上均开设有洞口。有洞口的可垂绳索系水桶汲水，供地道内人畜饮用，又有通气之功能。地道内的这些水井、陷阱、马厩、粮仓、兵洞、哨口、通讯口、排水口等战略设施，很多地方和人们熟知的抗战电影《地道战》中的情景有异曲同工之妙。

张壁古堡的与众不同，还在于村内的所有路口都修成丁字路，而没有十字路。堡墙也修得异常高大，一旦有不熟悉地形的人闯入，犹如进入迷宫。其地道与堡门、巷门、次巷门、宅门，里应外合，构成坚固的军事堡垒。一旦外敌攻破古堡，地上的居民可以迅速转移到地道中逃匿。这个小小的

村庄，为什么会筑有这套严密的军事体系呢？黄土修筑的地道与堡墙，又为什么能屹立千百年而不倒呢？为揭开其中的奥秘，专家们对这里进行了科学考察。结果发现，这里的地道口上端都有一层灰黑色的砾石层，这些砾石是石灰岩质的，含钙量较高，遇水之后很容易胶结，变得十分坚硬，因此把地道口开在砾石层之下，对地道就起到了加固作用。同时这里的黄土具有垂直节理发育直立性好的特点，黏性也好，所以挖出的地道不容易坍塌。

张壁的地上和地下建筑，这么庞大的工程，史料上竟没有留下任何始建年代和建设缘由的记载，地方志上也是一片空白，这使张壁古堡显得更加神奇。

张壁古堡的地下暗道

近年来经过学者的考察，发现了这样的历史。公元 617 年唐国公李渊从太原南下，一举突破敌军围堵，顺利攻占长安，奠定了大唐一统天下的基础。然而没过多久，盘踞在北方的刘武周攻陷了太原、介休等地，严重威胁到刚刚诞生的大唐。随后李渊派李世民出兵，多次与刘武周交战，终于打败了刘武周，使大唐江山得以巩固。另外据《介休县志》上的记载推断，

张壁古堡曾是刘武周手下大将尉迟敬德的领地，在古堡内的可汗庙中，供奉着一位可汗的塑像，许多人认为他就是刘武周，而他和尉迟敬德在介休一带深受百姓爱戴，所以认为张壁地道可能是刘武周修建的。但也有学者提出，根据《资治通鉴》中的记载，从时间上看，刘武周不可能修筑如此大的地下工事，因为他在这里只驻了三个多月。更多的学者认为，刘武周只是利用了这里的明堡暗道作战。那么，张壁古堡究竟是谁修的呢？

一些学者根据《元和郡县图志》中的记载，提出了一种说法，北魏526 年，张壁成为介休县城，北魏孝静帝时为备御外患，在张壁设立南朔州，并派朔州军来此屯兵驻防，张壁的明堡暗道很有可能是由镇守的朔州军所修建。后来又经过历朝历代的重修翻建，延续至今已有近1500 年的历史了。

古人们巧妙地利用黄土塬、砾石层和当地的自然地形，用智慧构筑起复杂精妙的古堡暗道，这如同一部厚厚的史书，让人们领略其中的奥秘和传奇。

建造精巧的丰图义仓

有一部电视剧叫《天下粮仓》，说的是古代兴仓储粮，为百姓赈灾救济的事。在陕西省大荔县就有一座被誉为"天下第一仓"的古代粮库——丰图义仓。

丰图义仓坐落在大荔县朝邑镇南寨子村，巍然屹立于黄河西岸的老崖上，居高临下，坚固牢靠，气势雄伟，全用青砖砌成。共分内外两城，内城亦称仓城，占地20亩，坐北向南，呈长方形，东西长133米，南北宽83米，仓壁用大砖环砌而成，南面开有"东仓门"、"西仓门"，门外有石狮子把守。中部照壁上镶嵌有"丰图义仓"四个石刻大字，整个粮仓像一座壁垒森严、历经沧桑的古代城堡。

丰图义仓的设计巧妙科学，整座仓城看上去像似城墙，实际上是仓城合一的粮库。仓房即在城墙之内，为券拱式窑洞状，并相排列，共有58孔窑洞。每孔可储粮20万斤，全仓可储粮1000万斤。仓房的外墙向内倾斜，下大上小，逐层收分，这样可减轻地基的承受力，使墙体更加坚固。墙内侧为直体，并建有砖瓦结构的廊檐，由108根明柱支撑，相互贯通，形成环形回廊。内墙为何要加廊檐，这是考虑到墙体排水，既可防雨防潮，又可临时堆放粮食，方便晾晒，并使相对独立的各仓房连成一体。

丰图义仓不仅规模宏大，而且建筑精巧，特别在贮粮上符合科学原理。仓城的内部是一个开阔的院落，近似一个足球场，很利于通风和光照。仓洞一仓一门，后墙开有气窗。仓房地面离地有45厘米由松木铺成的垫板，墙体下有4个通风口，空气流动，储粮干燥，仓内一年四季保持在18℃左右的相对恒温。这样就达到了"低温、低湿、低氧"的存粮技术要求，使入库的谷物安全储存，经久不霉、不坏。大荔县朝邑粮站曾对已储藏三年的一窑20万斤小麦抽样鉴定，证明该粮仓通风和密封状态良好，使贮存的粮食始终处于呼吸的休眠状态。

粮仓的设计构造，防雨防潮是关键环节。丰图义仓的墙顶由青砖铺成，

丰图义仓外部结构

采取分段四周高中间低的屋面，巧妙地将雨水汇于中间部位，再下落到水槽向院内排去，避免雨水四散造成积水、渗水或侵蚀墙体。一圈 12 个排水槽由 U 形铸铁槽连接而成，水槽向院内斜伸 4 米，下由砖墙支撑。砖墙支撑水槽，同时对内墙起到重要的支撑作用。全院场地也是四周高中间低，四周汇水很快集中排出墙外，每到雨天，从仓墙到院内排水通顺流畅，雨停墙院即干。

丰图义仓内景

在粮仓西南角有台阶坡道可通仓顶，墙顶外侧砌有垛墙，内侧砌有栏墙。墙顶地面略带坡度，向内倾斜，无疑是为了排水顺畅。墙顶大面积可用于晒粮，粮食由通道转运入库极为方便。

为什么要修丰图义仓？清光绪三年(公元 1877 年)关中大旱，饿死了许多人，朝邑尤其严重。光绪八年(公元 1882 年)由东阁大学士、户部尚书、军机大臣陕西朝邑人阎敬铭倡导修建。他回到故里，看到关中常常遭灾缺粮的状况，受到当地群众"以丰补歉、备荒联贮"思想的影响，发动四方乡民捐款，筹银三万余两，兴建义仓。从光绪八年施工，历经四年，到光绪十一年(公元 1885 年)竣工。建成后绘制详细图样报告朝廷，慈禧太后朱批为"天下第一粮仓"。由此，丰图义仓驰名全国。

丰图义仓的修建，为我国树立了一个古代仓廒的样板工程，也是我国仅有的一座现今仍在使用的古代粮仓。在跨越了百年的历史之后，仍保存完好，墙体院基少有裂缝破损，这与其科学的建筑设计和完备的排水系统有直接关系。许多建筑学家来此参观后惊叹不已，认为它对今天的建筑工程仍有可以借鉴的作用。特别是建筑的选址、设计、功能等，都要和当地的气候、地理环境和使用价值相协调，天人合一，尊崇科学，讲求质量，长效使用。

这座古建筑是我国文化宝库中的珍贵遗产，也是劳动人民高超智慧的结晶，为我们研究古代建筑提供了宝贵的历史资料。丰图义仓是陕西省重点文物保护单位，它不仅在经济和建筑艺术上，而且在军事、旅游上都有一定的价值。

挂在崖壁的悬空古寺

位于我国山西恒山的悬空寺，是一座挂在崖壁的古寺，距今已有1400多年的历史，为我国重点文物保护单位。2010年悬空寺被美国《时代周刊》评为世界"十大危险建筑"之一，因此也引来了世界各地的建筑师到此一游。

悬空寺是我国众多建筑中最为奇妙的建筑，它以木结构为主，依托山势，建在悬崖绝壁之上，构思独特，设计精巧，可谓鬼斧神工。

悬空寺创建于北魏后期。公元398年，北魏天师道长寇谦之仙世时留下遗训：要建一座空中寺院，"上延霄客，下绝嚣浮"，即人们上了这处寺院，感到能与天上的神仙共语，忘却人间烦恼。从天师离世到开始建寺的43年间，他的弟子们多方筹资，精心选址设计，终于建成了这座奇特的悬空寺。

悬空寺的特色首先是"奇"。由于设计时充分利用当地地理环境优势，将悬空寺悬挂于石崖中间，石崖顶峰突出的部分就像一把雨伞，使古寺免受雨水的冲刷；寺周围的山峰又起到了遮挡烈日的作用。难怪悬空寺虽是木制建筑，经历了千年风吹雨打却能完好保存。

悬空寺的"悬"，是这座建筑的又一特色。全寺共有40间殿阁，表面上看去，整个建筑是由十几根碗口粗的木柱支撑的，其实真正承载寺院重量的是插入岩石内的木梁。这种梁是当地特产的一种铁杉木，经过桐油浸泡，不怕腐蚀，不怕虫咬，异常耐用。建造时，先在悬崖上凿洞，然后插入木梁，起到一个悬挑的作用，这是古代工匠运用杠杆力学原理的成功典范。为了保证受力均匀平稳，又在梁的另一头加上立柱，使整个建筑更加安全牢固。可以说，是插入岩石的梁和深入崖底的柱，共同构成了悬空寺的基座，形成了一个有力的支撑体系。这样，古寺才能依崖而起，稳固可靠。悬空寺

悬空寺奇观

犹如系在悬崖半空的彩练，又像飞架崖壁的长虹，给人一种恢宏奇竣之美。

悬空寺的另一个特色是"巧"。它主要体现在建寺时因地制宜，充分利用峭壁自然状态布置和建造寺院的各部分建筑，设计非常精巧。比如，寺中两座最大的建筑之一的三宫殿，就是应用了向崖壁要空间的道理，殿前是木制的房子，后面则在崖壁上挖了很大的石窟，使殿堂变得非常开阔。悬空寺的其他殿堂大都小巧玲珑，进深都较小，殿内的塑像形体也相应缩小。殿堂的分布也很有意思，沿着山势，在对称中有变化，分散中有联络，曲折回环，虚实相生，层次多变，错落相依。游人在廊栏栈道上行走，就像进入迷宫一般。

悬在空中的栈道

悬空寺还有一个特色是"险"。据说悬空寺在修建时，专等大雾弥漫之日，人们在崖壁上干活，就像在平地一样，心里踏实。倘若在晴朗天气下施工，脚底下就是深渊，头一低都感到玄晕。大有"危楼高百尺，手可摘星辰，不敢高声语，恐惊天上人"之感。

悬空寺中有两座三檐九脊的飞楼，是其精华之作。楼体由几根长十几米碗口粗的木柱支撑，一面贴墙，三面悬空。斗拱层层叠加，飞檐挑出飞远，两楼一南一北，高低相错，争奇斗险，似乎一根梁柱断裂，就能使整个寺庙坍塌，坠下 75 米高的悬崖。两楼之间隔断崖数丈，凿开尺许栈道以通，仅容一人通过，是最险之处。胆小的人行到此处，探头张望，但见百尺悬崖之下，人影晃动，顿感两腿酸软，只好紧闭双眼，匍匐爬行而过。古人诗云："蜃楼疑海上，鸟道没云中"，正是此处的写照。

远望悬空寺，像一幅玲珑剔透的浮雕，镶嵌在万仞峭壁间；近看悬空寺，大有凌空欲飞之势。登临悬空寺，攀登悬梯，跨飞栈，穿石窟，钻天窗，步曲廊，几经周折，忽上忽下，左右回旋，仰视一线青天，俯首而视，峡水长流，叮咚成曲，如置身于九天宫阙，如梦如幻。

悬空寺的建筑，继承和发展了我国传统建筑的风格，它既不同于平川寺院的左右对称，也没有依山势逐步升高，而是以崖壁凸凹，审形度势，顺其自然，凌空而构，层叠错落，其形体的组合井然有序，具有独特的艺术效果。

各具风采的民居建筑

布局对称的北京四合院

四合院是我国北方常见的一种传统合院式建筑，其格局为一个院子东西南北四面建有房屋，通常由正房、东西厢房和倒座房组成，从而将庭院合围在中间，故称"四合院"。

四合院在我国有着相当悠久的历史，早在两千多年前就有四合院形式的建筑出现。它虽为居住建筑，却蕴含着深刻的文化内涵，是中华传统文化的载体。

北京四合院，闻名天下，它是典型的组合式民居，其特征是外观规整，中线对称，布局合理，形制规范。北京四合院的出现已经有800多年的历史，它起源于元代院落式民居，从元大都城的规划产生了胡同与两条胡同之间的四合院以来，经过明清两代，终于形成北京特有的四合院。

北京四合院的基本形式是由单栋房屋放在四面围成一个向内的院落。院落多取南北方向，大门开在东南角，进门即为前院。前院之南与大门并列的一排房屋称为倒座。之北为带廊子的院墙，中央有一座垂花门，进门即为内院，这是四合院的中心部分。内院正北朝南为正房，多为三开间房屋左右带耳房；院子左右两边为厢房；

南面带廊子的为院墙。正房、厢房的门窗都开向内院，房前有檐廊与内院周围廊子相连。在正房的后面还有一排罩房，这就是北京四合院比较完整的标准形式。

北京四合院俯瞰

北京四合院主要有以下几个特点：首先，北京四合院的中心庭院从平面上看基本为一个正方形，宽敞开阔，阳光充足，视野广大；其次，东、西、南、北四个方向的房屋各自独立，东西厢房与正房、倒座的建筑本身并不连接。这种四合院体系，合理安排了每户居民的室内空间，保障了居民日常生活中的通风、采光、日照、纳凉、休息，利于防寒、避暑、防风沙，还满足了舒适性、安全性、私密性等居住需求。一家人在里面和和美美，其乐融融。同时，又通过院落形成相对独立的邻里结构，提供居民的日常社交空间，创造和睦相处的居住氛围，体现了人与自然和谐相处的哲学思想。

正是这种合院式住宅具有这些优点，因而它能够持续千年之久。四合院住宅不仅在北京，也广泛出现在北方其他地区。

说到四合院，人们不得不提到山西的建筑。特别是平遥古城，这里街道两旁多为店铺兼住宅，商铺在前，住宅在后。为了在这些街道上多开设店铺，造成一家一户只能在一条狭长的地面上建造房舍，因此这里由四面房屋围合成的院落都呈窄长形，临街的铺面房与后面正房之间的狭长院子有时用垂花门分作前后两院，从而使后面的住房有一个安静的环境。在这样的布局下，四合院两侧的厢房进深都比较小，屋顶也多呈朝向内院的单坡面。于是进深大，面阔小，院落呈窄长形，厢房单坡顶的四合院，就成为山西城市住宅的典型样式。

大家熟悉的山西乔家大院、王家大院，由于主人都是在城里经商，他们已经习惯于城市那种四合院的住房，所以在给自家修建住宅时也形成狭长形的四合院。

陕西关中地区，素有"八百里秦川"之称。这里的民居以自己独有的古朴恢宏的建筑风格而自成体系。在院落的空间处理上要宽阔一些，其布局严谨、宏伟大气。这种格局的四合院是关中民居的主流。

关中四合院与北京四合院不同，关中城市里的四合院一般有两到三进，

陕西关中农村四合院

呈长方形的"深宅大院"，并多以高浮雕的艺术形式在屋顶、墙面、门窗、门楼、柱础等位置装饰精美图案。乡村中的四合院大多为单坡屋顶，院墙高大、厚重、封闭。黄土、青瓦让院落甚至村落外观整齐。

陕西关中四合院以韩城党家村最为典型，建于明清时期，是我国传统老宅四合院民居组成的村落。房子都端端正正地沿街而盖，上首为厅房，下首为门房，两者间相向盖厢房，中间为青砖铺就的内院。各房的背墙山墙连在一起，构成整个院子的界墙。这种四合院一直保护完好，迄今已有600年的历史，被誉为"民居瑰宝、活的化石"。

冬暖夏凉的陕北窑洞

窑洞作为陕北黄土高原上一种独特的民居建筑，已经有着几千年的历史。关于窑洞的起源，可以追溯到新石器时代的"穴居"生活。据考古调查，窑洞是直接继承了穴居的传统，在陕北子洲、吴堡一带就发现有4500年前的窑洞遗迹。

窑洞之所以建在陕北及其他黄土高原地区，是因为这里的黄土层厚，且黄土具有黏性好、硬度大、直立性强的特点。陕北人利用黄土的易凿、保温、坚固、耐久等特性，创造了窑洞这种住宅。直至今天，窑洞式住宅还广泛分布在北方黄土高原地区，居住人口达4000万。

窑洞一般宽3.2～3.5米，高3.2～3.7米，深6～8米，并分为土窑洞、石窑洞、砖窑洞和接口子窑洞等多种。窑洞大都朝阳，这样便于采光。

窑洞住宅一个最大特色是它的拱形结构，这样从建筑学来说最符合力学原理。因为顶部是一个圆弧，可以将上部的力一分为二，分散到两侧，重力稳定，受力均衡，具有极强的稳固性，即使窑上有人流车马通过也安然无恙。正是窑洞科学合理的结构，才使它结实牢固。

由于陕北地理、地质和气候环境的因素，冬天漫长而寒冷，夏天又少雨干燥，加之窑洞结构简单，具有烧不着，毁不坏的独特优势，它是因地制宜的完美建筑形式，所以窑洞就成为当地最理想的民居建筑。因窑洞上下左右均有较厚的土层，冬天冻不透，夏天晒不着，外界的气温对窑内影响不大，可以保持相对舒适的温度。冬天，窑洞里的温度比室外高13℃左右；夏天，窑洞里要比外边低10℃左右。让人有一种冬暖夏凉，天然空调的感觉。

此外，窑洞又很幽静，无噪音干扰，还能防御放射性物质对人体的危害，很有利于人的健康长寿。所以窑

延安窑洞

洞体现了人与自然的和谐，具有生态、节能等特点，而且外观朴素美观。联合国科学考察团对中国窑洞建筑进行了综合考察，认为十分适合人类居住。

窑洞作为一种古老的物质载体和建筑形式，使陕北人民在这片黄土地上居住生活，并产生了一种文化和精神。革命战争年代，党中央在陕北的时候，毛主席住在延安的窑洞里，他运筹帷幄，决战于千里，领导和指挥了伟大的抗日战争和人民解放战争。在延安的窑洞里，毛主席把马克思

现代建筑中的窑洞元素

主义普遍原理同中国革命具体实际相结合，写下了《实践论》、《矛盾论》、《论持久战》和《为人民服务》、《纪念白求恩》、《愚公移山》等一篇篇光辉著作。《毛泽东选集》1～4卷共收有158篇文章，有92篇是在延安的窑洞里写成的。毛泽东曾说，延安窑洞里出马克思主义。延安窑洞里确实孕育了伟大的毛泽东思想，从而使中国革命从胜利不断走向胜利，迎来了新中国的曙光。

如今的陕北发生了翻天覆地的变化，人们尽管富裕了，有的已经搬出了窑洞，但对窑洞依然情有独钟。新建的住宅仍然有窑洞的模样。现在已出现一种新型绿色窑洞，并且把一层变为两层。这种新型窑居以天然石材为基本建材，室外增设太阳房，采用大玻璃窗，改善了室内采光条件，窑顶增加了太阳能热水器，设计了采用地热、地冷的通风空调系统，洗澡、取

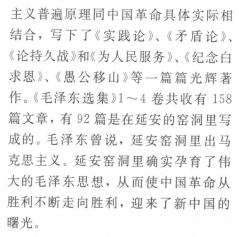

暖、制冷均不用电力。冬天太阳晒后，室内温度上升；夏天打开通风窗即可换气。窑洞通过建筑学家的改善和改良，在保持传统风格的基础上，显得既现代又时尚。

延安的窑洞闻名遐迩，20世纪70年代，延安大学在校园内依山修建了6排颇具规模的石窑，每排20～50孔不等，共226孔，成为当时世界上最大的窑洞建筑群，其景颇为壮观，被记入《吉尼斯世界纪录大全》。延安大学也因此被誉为"窑洞大学"。

延安窑洞既是一种物质的存在，又是一种精神的寄托。近年来一些现代建筑继承窑洞的风格，仍留有窑洞的影子。如新建的延安革命纪念馆、中国延安干部学院、延安大剧院等，其艺术表现都吸取了窑洞元素，并加以提炼和升华，使建筑和延安的地域环境融为一体，让人有一种亲切感。

造型奇异的福建土楼

在福建漳州、龙岩的崇山峻岭中，静静地矗立着一幢幢高大的民居建筑，或圆或方，种类繁多，这就是被世人誉为"东方古城堡"、"世界独一无二神话般建筑模式"的福建土楼。

福建土楼，可称为"世界民居奇葩"。它就地取材，结构奇巧，千姿百态，气势恢宏，是人与自然完美结合、和谐相处的典范。2008 年，福建漳州市的华安大地土楼群，南靖田螺坑土楼群、河坑土楼群、和贵楼、怀远楼及龙岩市的永定初溪土楼群等 46 座土楼，被联合国教科文组织列入《世界遗产名录》。由此，福建土楼开始名扬四海，享誉全球。

神话般的"土楼世界"，是客家人的杰作。早在我国西晋至唐代，由于战乱、饥荒等原因，中原人就陆续南迁至福建、江西、广东一带，形成了现在的"客家人"，由

绿野中的土楼群

于居于"客"的地位，他们大多居住在偏僻、边远的山区，为了防卫盗匪骚扰和野兽的侵袭以及防风避雨抵暑御寒，他们沿用中原的传统建筑技术，营造"抵御性"堡垒式住宅，并随着岁月的推移，就形成了适应山区特点，取自当地资源，将分散的住屋聚合到一起的大型群聚式住宅。

土楼造型别致，有方形、圆形、五角形、八卦形、半月形、方圆混合等多种类型。其中以圆楼最为奇特，圆楼没有死角，与方楼相比，安全系数增大。同样周长的圆楼，体积是方楼的 1.273 倍，空间大为扩展。圆楼还具有流体力学原理，由于圆形的弧面，风在楼内形成涡流，通风环境好，有利于人体健康。圆楼内排列着整齐的房屋，有的多达数十间，有的还几圈房屋相套，中央形成一个圆形院落，里面可以容纳几十户人家，数百人在一起生活。

由于这些"奇怪"的建筑分布于山野里、翠竹间、溪水旁，一座座土楼就像是从地上冒出来的巨型蘑菇，非常吸引人。每当外国游客踏上这片神奇美妙的土地，站在青山环抱的土楼前，发现这一奇异的建筑，原来是风格迥异、结构奇巧、功能齐全的客家民居时，

发出啧啧赞叹："真是太震撼了，神秘的东方古城堡名不虚传！"

土楼内景

土楼的修建，确实非同一般。它是以石为基础，用卵石和块石直砌至地面以上常年洪水能达到的高度，以确保夯土墙体免遭洪水冲刷。石墙基的宽度大约2米左右，砌法是用卵石干垒，层层紧压，而且石块都是里大外小，内外相同，结实得很，外人怎么使劲也挖不动。墙体是以当地生土为主要原料，并采用特殊的配方，即在土中加入砾石、细沙，并掺石灰，用红糖水、糯米浆、鸡蛋清等作黏合剂，以竹片、木条作筋骨，逐层夯打，筑成后的墙体厚1.9～1米，时间越久越坚硬，其凝聚力不亚于现代建筑中的混凝土。

以福建省永定县为例，全县共有3.2万座土楼，其中"承启楼"最为特别，图案曾上过《中国民居邮票》。它直径达73米，内外共分4环，外圈周长229米，是一个由同圆心的大圈套小圈环环相套的大古堡。整座土楼有400个房间，可容纳600多人在里面同时居住。承启楼外环高14米，为确保安全，在三四层开有窗口，用于瞭望并可进行防御射击，还可以向下抛石头、浇开水以攻击接近楼体的敌人。

此外楼的大门用粗石料制作，门板包以铁皮，门后除顶以木杠之外，更在门上方特设水槽，当敌人用火攻大门时，可提井水灌入水槽，在门上形成一道水帘，以阻火攻。

振成楼是土楼中最富丽堂皇的一座，有"土楼王子"的美誉。它由内外两环楼构成，按《易经》的"八卦图"布局建造，卦与卦之间筑青砖防火隔墙，隔墙中开设拱门，关门自成院落，互不干扰，开门则全楼相通，连成整体。而且"外土内洋"，在土楼中极为罕见，成为振成楼的一大特色。

在众多的土楼中，还有南靖县田螺坑圆楼与方楼组合的土楼群，这里共有5座土楼，从空中俯瞰，一座方楼雄踞中央，四座圆楼围绕四角，宛若一朵怒放的硕大梅花，点缀于绿野平畴之中，错落有致，美不胜收，是福建土楼中最富有视觉冲击力的土楼群。

福建土楼是历史环境和客家人智慧的产物，它以科学的设计，奇特的结构，新颖的造型，体现了一种方圆美、韵律美、古典美、意蕴美，被国外专家学者称赞为"天上掉下的飞碟"、"地上长出的蘑菇"。

可随时移动的蒙古包

在电影、电视里常可以看到这样的镜头：辽阔的草原上，马儿在奔跑，羊儿在撒欢，不远处一座座白色的帐篷点缀在其间，让人感到新奇而有趣。这就是蒙古族的传统民居——蒙古包。

蒙古包又称毡包，是牧民们为适应游牧生活而创建的一种住宅形式，适于牧业生产和游牧生活。它承载了蒙古民族的历史，也是一种文化的象征。蒙古包不仅内蒙古草原上有，在新疆天山脚下的牧场上也广为分布。这里的维吾尔、哈萨克等民族也以在草原上牧养牛羊等牲畜为业，他们根据季节和天气的不断变化，也使用这种可以搬迁的住宅。因蒙古族牧民使用得最多，所以又称蒙古包。

这种居所的最大特点是自由灵活，移动方便，随地而居。特别是需要倒场放牧时，仍需住在蒙古包里。蒙古包为圆形，一般顶高 4 米，周边高约 2 米，直径 4～6 米，四周用条木结成网状圆壁，屋顶用椽木组成伞骨形圆顶，周围和顶上覆以白

草原上的蒙古包

色的羊毛毡防寒。

建筑反映一个民族的科技水平。蒙古包建筑是北方游牧民族处理人、畜、自然关系的产物。在这个过程中积累了对当地的自然资源的有效利用和适应自然环境的知识和技术。搭建蒙古包一般是先选好地形，在水草适宜的地方，而且背坡避风向阳，一般两三个人可以在一两个小时内就搭建或拆除好，是世界上组装最快的房子。

由于北方气候寒冷，冬季风雪大，蒙古包的设计非常科学，它利用了周长相等圆形的面积最大的原理，从外表上观察，蒙古包很小，但包内使用面积却很大。圆形的包顶，风雪来临时，包顶不积雪，大雨冲刷包顶不存水，圆形的结构阻力小，还可以抵御风暴袭击。这种住宅室内却空气流通，采光条件好，冬暖夏凉。

作为一种建筑形式，蒙古包有许多特点：一是它的稳定性好。这种圆形的结构比以往正方形的结构更为稳定，且可以伸缩。这种建筑的动态性强，

即房屋的结构满足了可移动、轻便和便于拆卸的需要。二是建材随地可取。搭建时不需要费多大的周折，省工省时。另一方面，搭建蒙古包材料，是把建造房屋对自然资源的消耗降到了最低点。修建时不用挖土夯地，拆卸时不会留下废墟，当蒙古包从一个地方搬迁之后，过不久，那里又是绿草如茵，生态很快得到恢复。三是符合力学原理。由于骨架的支撑，整个建筑形成一个蛋壳结构，受力均匀，可以稳固地把蒙古包支撑起来，而且，风无论从哪个方向来，都会在蒙古包上空形成一个低压区，所以蒙古包的炉子特别好烧。

牧民们的生活地点不是固定的，当一处草场放牧完了，一家人就拆除毡包，主人骑着马匹，赶着羊群又奔向新的草场。在茫茫大草原，在郁郁葱葱的天山脚下，灰白色的蒙古包三五成群，像是一簇簇洁白的花朵，开放在一片绿色的环境里，天人合一，美得纯洁，美得动人，让人赞叹。

蒙古包在蒙古族文化中有着重要地位，就连蒙古族族徽的主体图案也是蒙古包。

如今，随着时代的变迁，人们的生活富裕了，住房也得到了改善，传统的蒙古包已与人们渐行渐远，牧民们也相对定居下来，但蒙古包仍凝结着他们的乡愁。令人欣喜的是一种现代化的蒙古包应运而生，中国航天科工七院在呼伦贝尔设计了一批蒙古包楼群，该工程以蒙古包为造型，建筑传承历史又不失现代感，从屋顶纹饰到阳台栏杆再到楼层线脚都运用蒙古族的纹饰，内外相统，安谧祥静，体现出传统的蒙古族风情，成为当地居民良好的住所，该项目荣获全国人居经典建筑规划与建筑双项金奖。

现代化的蒙古包楼群

依山水而建的吊脚楼

有一首脍炙人口的歌曲叫《小背篓》，歌中唱到："小背篓，晃悠悠，笑声中妈妈把我背下了吊脚楼……"这吊脚楼就是湖南湘西山区民居的一种建筑形式。

在湘西的苗族、侗族、土家族等民族，大都住在背山面水的地方，因此造房时往往选择山坡倾斜度较大或者濒临河流、水沟的一侧，使屋的前半部分凌空悬出，形成半为陆地，半为水的虎坐式形态，并讲究建筑朝向，或坐北向南，或坐东向西，这就是吊脚楼。

吊脚楼是典型的干栏式建筑的一种。这种房屋不仅湖南有，在我国的贵州、广西、四川、湖北、云南等省气候潮热的山区也有这种建筑。因为

湘西民居吊脚楼

这些地区的地貌和气候特征，"地无三尺平，天无三日晴"，高高低低的山峦一个接着一个，而且潮湿多雨，当地群众就根据气候和地理特点，创造出了这种依山水而建的住宅。

吊脚楼是屹立在山水之间的立体画，它造型别致，朴实轻灵，古色古香。它虽然只有两三层高，但它"吊"在水面和山腰，好像空中楼阁，这样就增添了许多妙趣。所谓吊脚楼的"脚"，实际就是几根粗大的木柱，木柱以当地盛产的杉木为原料，柱子随山势高低长短不同地架在陡坡上或河道里，加上其他梁枕，于是房屋的木构架就建成了。水边的吊脚楼伸出两只长长的前"脚"插在水里，与搭在河岸上的另一边底座共同构成吊脚楼的基础。山腰上的吊脚楼的前两只"脚"则稳稳地顶在低处，搭上横梁就可以在上面建楼了。

特别在美丽的湘西，山奇水秀，而古色古香、风格奇异的吊脚楼，更添得几分韵致。在沈从文先生的故乡凤凰城，沱江傍城而过，当地人临河而居，一幢幢吊脚楼，高高低低参差错落。吊

脚楼的一端以河岸为支撑点，另一端则悬在水面，高高的悬柱立于水中作为撑持，充满着一种力量的美。

为什么要建吊脚楼，这与当地的自然条件、人文条件以及地理环境、气候、材料、传统技术、生活习惯、民俗文化等有着密切的关系。相传很久以前，山区的群众常搭起一些茅草屋来居住，由于荒山老林里有很多狼虫虎豹，人们特别惧怕，于是就在大树半腰间搭起大大小小的茅草棚，住在上

侗族特色的鼓楼

面，脚是吊在半空的，人们就叫它为"吊脚楼"。之后，这种房屋经过不断提升改造，就形成今天这种屋下架空、上面住人的吊脚楼。

吊脚楼反映了当地群众的生活智慧。吊脚楼的妙处，一是防潮避湿，通风干爽；二是节约土地，造价低廉；三是依山傍水或靠着田坝而建的吊脚楼，悬柱之间往往留有一定的空地，形成一个通透的空间，可喂养家畜或堆放杂物。上层住人，并设有阳台、栏杆、扶手，敞亮干净，即可在里面挑花绣朵，读书写字，又可接待宾朋，晾晒衣被，居住舒适，非常好看。如今随着时代的进步和发展，过去猪圈、牛圈、厕所都设在底层，现在都已经改在屋外，

室内干净多了。古朴的木板楼里，摆放着电视机、收音机、洗衣机、电冰箱等现代家电。过去很多山里人一辈子也不知道这山沟的外边是什么样子，现在不出门也知道外面的世界了。

此外，在贵州东南部侗族聚居村，还有一种特殊的吊脚楼，它高大雄伟，外形很像密檐式佛塔，全部用木构建而成，不用一铁一钉，全用卯榫嵌合，飞檐重阁，层叠而上，十分精美壮观，这就是侗族有名的"鼓楼"。鼓楼是吊脚楼的典型代表，它不仅是精美的建筑艺术，而且是侗族村民的活动中心。按照鼓楼的造型，底层高，下半部像座亭子，内外各有四根大木柱支撑，上部有十多层密檐相叠，平面呈四边形或八边形，这种建筑，从下到上有明显的从大到小的收分，顶上有一个漂亮的宝顶。楼内安置有一面皮鼓，村中有事，以击鼓为号，村民们闻鼓而来，节日里也在这里聚会游乐。如今，随着材料的变更，广西桂林又出现了一座钢结构的鼓楼，共有15层，高81米，外观和传统的鼓楼极为相似，每层均飞檐卷篷，颇具民族特色，表现出侗族人民浓厚的乡土风情。

迷蒙淡雅的傣家竹楼

云南景洪傣族人民聚集的地方，这里地形高差变化大，北部为山地，东部为高原，西部为平原，因此气候差别也大，山地海拔 1700 米，属温带气候，平原海拔 750～900 米，属亚热带气候，有的河谷地海拔只有 500 米，属于热带气候。傣族人民多居住在山岭间的平坝地，常年无雪而雨量充沛，年平均气温达 21℃，没有明显的四季之分，只有雨季和旱季的区别。正由于这样的自然条件，傣族人民创造了适合于自己居住的竹楼。

竹楼是又一种典型的干栏式建筑的代表。由于当地盛产竹子，住房多用竹子建造，所以称为"竹楼"。竹子易于加工，粗竹做房屋骨架，竹编篾子做墙体，楼板或用竹篾或用木板，屋顶铺草。主柱有 24 根，撑起竹楼的主体。

这样的竹楼用料简单，施工方便迅速，竹楼一般高出地面七八米，下面与地面架空，四周墙壁通气，所以整座竹楼就呈现出许多妙处。一是夏天凉爽，冬天暖和，二是可以防潮湿，利于通风散热，三是可避免虫害的侵袭，四是可防止洪水的冲击。因为这里年平均降水量在 1200～1700 毫米，每年雨量集中时常发洪水，楼下架空，也有利于洪水的通过。

竹楼是傣家人世代居住的地方，村落都建在平坝近水之处，小溪之畔、大河两岸、湖沼四周，凡翠竹围绕，绿树成荫的处所，必定有傣族村寨。大的寨子集居二三百家人，小的村落只有十多家人。傣家竹楼那美丽的外形，是取自凤凰展翅的形态。所以傣家人喜欢在竹楼周围栽凤尾竹、槟榔、芒果、香蕉等，使村寨充满诗情画意。

依水而建的竹楼

古人说："宁可食无肉，不可居无竹"。从这个意义上说，生活在云南西双版纳地区的傣族算得上是最幸福的人，因为他们不仅居住在"竹"楼里，还吃着"竹"筒饭、喝着"竹"筒酒，真是比神仙还逍遥。来到西双版纳，最令人心动的就是那成片的竹林以及掩影在竹林中的一座座美丽别致的竹楼。竹楼从外形上看，它像开屏的金孔雀，又似鹤然起舞的美丽少女，美丽的景致让人恍然如在梦中。

按照凤凰的旨意终于为傣家人建成了美丽的竹楼。接着，一座座竹楼就盖起来了，规模越来越大，就形成今天的村寨。

如今，随着时代的变迁，过去竹

竹楼组成的村寨

那么，这美丽的竹楼是如何产生的呢？相传很远的古代，傣家有一位勇敢善良的青年叫帕雅桑目蒂，他很想给傣家人建一座房子，让他们不再栖息于野外，他几度试验，都失败了。有一天下着大雨，他见到一只狗卧在地上，雨水很大，可狗毛上的雨水却能顺利地往下流淌，他很受启发，于是建了一个坡形的窝棚。后来，凤凰飞来，不停向他展翅示意，让他把屋脊做成人字形，随后又以高脚独立的姿势向帕雅桑目蒂示意，让他把房屋建成上下两层的高脚房子。这位青年

楼屋顶用茅草覆盖，梁柱门窗楼板全部用竹制成，现在许多竹楼已改为木楼，楼顶的草排也被瓦所取代，楼墙上安装了玻璃窗。傣家的竹楼变得越来越漂亮了。倘若你到西双版纳去旅游，那就到竹楼上住一住，感受一下傣家风情，再吃一吃傣家人用昆虫为原料制作的风味佳肴，如蝉、竹虫、大蜘蛛、田鳖、蚂蚁蛋等，而不虚此行。如遇到泼水节那就更热闹了，青年男女和客人们在一起互相泼水，表达着傣族与各民族之间的友谊，成为一种团结友好的象征。

风格别致的徽州民居

我国安徽省南部的徽州地区，山清水秀，历史悠久，人杰地灵，素有"无徽不成商，无徽不成镇"之说。徽商在获取巨额利润后，便回乡大兴土木，建造房屋、亭台楼阁、祠堂牌坊，一应俱全。因此，古往今来，最令徽州人感到骄傲自豪的当属徽派建筑。"徽州建筑甲天下"，徽派建筑风格最为明显的是传统民居。

徽州民居以"粉墙黛瓦马头墙、水口牌坊古村庄"为特色符号，充满着山水灵气，诗情画意。从建筑学的观点来看，徽州

传统风格的徽州民居

民居将人与自然的关系，处理得那么融洽与和谐。它在村落规划、选址、方位、营造等方面，都反映了徽州的山水特征和环境美学。

徽州民居的最大特点是，因地制宜，注重规划。在布局上严格按照使用功能和建筑美学来考虑，选址与自然环境融为一体，强调天人合一的传统思想，村落基本沿河溪布局，依水而建，使村落处于山水环抱的中央，形成枕山、环水、面屏的理想住宅环境。同时利用和改造水系，充分提高人们的生活质量，使生产、生活更加方便。

以黟县宏村为例，整个明清古民居村落，体现了水、建筑、环境三大要素。其规划是按"牛"的生理结构来部局，先是将村中一天然泉水，扩掘改造成半月形的月塘，称作"牛胃"，然后在牛胃的两端开挖出一条弯弯曲曲的水圳，长约400米，再引村西河溪之水，南转东出，贯穿于"牛胃"，环绕一幢幢古老的楼舍，这就是"牛肠"。沿途建有踏石，供洗衣、灌田之用。牛肠穿庭入院，长年流水不断，民居内栽种花木，幽静怡然。之后，又在村南作水系调整，开掘出一个南湖，形成"清溪流遍全村落，户户门前有甘泉"的景象。

此时，由高处俯瞰宏村，它像一头悠闲的卧牛，青山为牛头，村头的两株大树为牛角，鳞次栉比的民居为牛身，南湖之水为牛肚，横跨溪水的四座木桥为牛蹄。"牛形村落"科学的水系设计，充分发挥了生产、生活、排水、消防、调节气温和改善环境的功能。从而使村落呈现出"无山无水不成居"的风格特点。

徽州民居在平面布置方面也独具匠心，房屋大都围绕天井设置厅、堂院落，从而形成"方印建筑"。由于南方多雨，根据当地气候特点，为了扩大使用面积，只能将室内的空间面积向纵深扩展，自由发展成二进、三进、四合等多种集居形式。在房屋的构建上也多向上部发展，因而出现多层楼的景观。

为了满足大进深房屋的采光要求，天井是最好的透光通道。天井的面积一般是室内房屋面积的 $1/8 \sim 1/9$，这个比例从建筑学的采光要求来说，是满足了设计规范的。由于夏季天气炎热，厅堂完全是敞开的并和天井相连，这样不仅调节了室内的小气候，而且可以减少夏天的炎日照射，有利于通风降温，设计相当巧妙。

徽州民居的外观整体感和美感都

很强，这是它最典型的特征。高高的马头墙，飞扬的翘角，深深的庭院，宁静的街巷，还有黑瓦白墙，错落有致的墙线，以及精美的雕刻等，这些都显得清新自然、格调高雅。

徽州民居四周皆以高墙围起，显得颇有气势。房屋外墙除大门外，只开有少数小窗。此外，山墙上的马头墙也颇具风采，其独特功能是起防火

现代气派的徽州民居

作用。马头墙的长、高是按屋面坡度而定的，前出屋檐，高出屋面，形状多为一字式、品字式、三阶式或弧形，造型如骏马。马头墙高低错落，起伏跌宕，给人以均衡、清新的线条美感。

总之，顺其自然，适应自然，改造自然，是徽州民居村落的灵魂所在。以青山绿水做天下文章，充分体现了人、环境、建筑三位一体的建筑设计思想，使人和环境在建筑上得到了淋漓尽致的表现。

以石为主的泉州民居

闽南泉州位于我国东南沿海，这里曾是"海上丝绸之路"的起点，又是重要的港口。由于当时发达的海上贸易带来的西域文化的影响，早在两宋时期就接受以石为建筑材料的西方理念，将石头从中国传统的只做基础而改为地上使用，在建筑和雕刻工程中大规模使用石头，从而推进石结构建筑技术和艺术的长足发展。

在世界建筑中，一般说来，西方以石结构为主，如教堂、神庙等；我国则以木结构以主，如宫殿、住宅等。因泉州地处沿海，特殊的地理环境，

色彩斑斓的石头房屋

构成了这里许多完全以花岗岩石为建筑材料的民居，形成了泉州民居住宅的独特风格。由于当地盛产花岗岩，也为防止海风的侵蚀，所以这里的民居都以石为主。石头坚固耐久，使建筑物寿命长。特别是惠安、晋江、南安等地大都因地制宜，把那些斑驳凸现，峥嵘嶙峋的石头变成了一组组泉州石建筑的奇观。这些石建筑，无论是墙基、墙身、柱础、柱子、楼板、门框、窗户、石栏杆、石阶梯、甚至整条街坊处处精雕细琢，处处流露出泉州人民对石头的特有感情。

在泉州市郊区，沿着朝阳公路向里走三四公里，经过蜿蜒盘旋的山路，即可看到由石头建筑组成的村庄。来到这里，首先映入眼帘的是山坡上一层层上下重叠、一幢幢首尾相连的"石头房"，俨然是一座古城堡。这些房屋都有一个共同点，就是窗户少而小，这是从防盗方面考虑的。同一幢房里，却一定要在前房后房之间留一道哪怕只是窄窄的露天巷道或小天井，为的是有利于通风和采光。更具神奇的是这些石头在下雨天后，就会变得五颜六色。

泉州石头房最典型的当属惠安民居。惠安全境丘岗连绵，岩石嵯峨，石料资源十分丰富。惠安民居使用石料的历史十分悠久，早在1500多年前，已用石板做屋面，并以三合土（白灰、砂、黄土）灌缝，至今完好无损。广泛采用花岗石作为建筑材料，是勤劳智

慧的惠安人世代匠心独运的创造。石结构民居以杂石奠基，条石砌墙，板石盖屋顶，包括梁、柱、拱、悬臂楼梯、门窗框、栏杆等建筑物构件，也全用石料。民居外观甚少装饰，有朴素自然之美。

石头结构的房屋，几乎所有的构件都是石头制作，不仅墙体、门窗用石材，屋顶、梁柱、楼梯等几乎所有的建筑构件均用石材制作，而与木结构民居相比，木、瓦、土等其他建筑材料则相对较少。石结构民居还具有平面布局较为随意简单、经济耐用、寿命较长、维修费用低等优点。以花岗岩石为建筑材料，也比较能够满足沿海民居抗御台风和防盐碱腐蚀的特殊要求。

石头房屋的出现，大多与当地的自然环境、资源有着密切的关系。在我国湖北、四川、贵州等地的山区，也可以看到一些用石头砌筑的村舍，就连江西庐山上也有石头建造的房屋。此外，在北方的山西、河北等地，也可看到石头砌成的住房。因为在山区石头是最方便、最容易获取的建筑材料。位于陕南汉江边的紫阳县，就有不少石板筑就的房屋，瓦是石的，墙是石的，地是石的，街道也是石的。作家贾平凹在

以石砌筑的石头住宅

《紫阳城记》中这样写道："说紫阳这地方，一是石板多，二是木板多，房屋都是两头用石，中间用木，为天下少有，出门再看所有房舍，果然如此。"

石头房作为特定环境下的民居，具有取材方便，施工简单，冬暖夏凉，舒服实用等诸多优点，深受人们的喜爱。但由于这种建筑抗震性能差，存在较多安全隐患。目前泉州有300余万人还住着石头房屋，为促进城乡石结构房屋的改变，泉州市已出台加快石头房改造的方案，制定出20套户型范本，供用户选择，户型上更是合理安排，南北通风、采光足，空间利用合理，面积也有所扩大。设计风格上，注重凸显闽南建筑特色，且符合泉州沿海或山地建筑特点及村民起居习惯。看来，过去旧式简易的石头房将逐渐退出历史舞台，一种新型用条石砌筑的混凝土结构的现代住宅将应运而生。

中西合璧的开平碉楼

开平碉楼位于广东省开平市，是中国民居建筑的又一个特殊类型，它集防卫、居住为一体，融合了中西建筑艺术的多种元素，成为独树一帜的民居形式，侨乡的一道亮丽风景。

2007年，开平碉楼被列入《世界遗产名录》，这些碉楼是村落中修建的一种具有防卫功能的多层塔楼式建筑。它与周围的乡村景观和谐共存，体现了中西建筑结构和装饰形式复杂而绚丽的融合。国产影片《让子弹飞》的外景就拍摄于此，让碉楼名声远播。

碉楼的出现，是开平政治、经济、文化发展的见证。它与当地的历史背景、地理环境和社会状况有着密切的关系。自明朝以来，开平

造型美观的铭石楼

因位于新会、台山、恩平、新兴四县之间，为"四不管"之地，土匪猖獗，社会治安混乱；加上河流多，每遇台风暴雨，洪涝灾害频发，当地民众被迫在村中修建碉楼以求自保。有一年洪水暴发，附近许多房屋被淹，村民因及时登上碉楼而全部活了下来。因此，华侨在外节衣缩食，在侨居国请人设计好碉楼蓝图，并集资汇回家乡建造碉楼。从此，各式各样的碉楼遍地开花，越建越多，最多时达到3000多座，现保存下来的有1800余座。

开平碉楼充分体现了侨乡群众面对外国先进文化时的一种自信、开放、包容的心态。从一座一座碉楼民居中可以看到中外文化交融的痕迹。完全可以说，开平碉楼，已成为中国华侨文化的一座丰碑。在碉楼建筑中，汇集了国外不同风格的建筑艺术，古希腊的柱廊、古罗马的柱式、拱券和穹隆，欧洲中世纪的哥特式尖拱和伊斯兰风格拱券、欧洲城堡构件、葡式建筑中的骑楼、文艺复兴时期和17世纪欧洲巴洛克风格的建筑等。

开平碉楼，一般多为4～5层，按建筑材料不同可分为石楼、夯土楼、砖楼和混凝土楼，以混凝土楼为最多。

有廊柱式、平台式、悬挑式、城堡式、也有混合式的。尽管碉楼在建筑形式上各有特色，但都形成了碉楼独有的建筑格局。

在这众多的碉楼中，最漂亮的当属"铭石楼"，它建于1925年，楼高6层，所有的钢筋、水泥等建筑材料都是由国外进口的。第六层的平台上有一座凉亭，6根罗马风格的石柱与拱券相连，而顶部则是中式的六角攒尖琉璃瓦亭顶，十分有趣，成为中西结合的最佳典范。

号称"开平第一楼"的瑞石楼，因为它是开平碉楼中最高的，也是碉楼群中最为气派、保存最为完整的，所以它荣获第一楼的美誉名不虚传。瑞石楼建于1923年，因楼主黄璧秀号瑞石而得名。高9层共25米，钢筋混凝土结构，所用建材全由国外进口。它的建筑风格为西洋式，但楼内的布局装饰却全是传统的岭南样式。

从外观上看，瑞石楼比例匀称，雄伟壮观。一至五层，每层都有不同的线角和柱饰，窗楣的装饰也各具特色。五层窗外有大弧度的拱券外形，四角的柱式造型又增添了立体效果。六层外围是一圈爱奥尼风格的柱廊，七层平台四角建有穹窿顶角亭，八层平台中，有一座西式塔亭，到九层则更加收拢，是一座罗马风格的小凉亭，这些都透露出明显的西洋气息。再加上中国传统的建筑文化元素，瑞石楼更是充满了传奇色彩。

说到碉楼，我们不得不提四川羌寨的碉楼。居住在川西北部的羌族，习惯于建造坚固耐用的石头房子作为居所，并用碉楼作为公用建筑。碉楼用石头和泥土砌成，高高耸峙于村头，

高大气派的瑞石楼

气势雄伟，颇有民族特色。据《后汉书》记载，羌民"依山而居，累石为室，高者十余丈，为邛笼。"这里的"邛笼"即碉楼。"可见碉楼历史的悠久。

碉楼内部分为若干层，上下可用独木楼梯连接。碉楼上小下大，有六七层楼高，远远望去，犹如一根根顶天立地的巨柱。碉楼既是掩体，又是碉堡，又是住宅，每当遇到敌人进犯，便可在楼内提弓搭箭主动出击。碉楼被称为羌寨建筑的"活化石"。2008年汶川大地震，毁坏了不少碉楼，如今在北川新县城建设中，碉楼得以恢复重建，外观结构没有改变，而且工艺、材料和装饰都是现代的。漫步街头，碉楼林立，充满着浓郁的羌寨风情。

形形色色的怪异建筑

能旋转的大楼

让一座摩天大楼在空中旋转，听起来像是科幻小说，但西班牙建筑师卡拉特拉瓦在瑞典马尔默就设计建造了一座能旋转的摩天大厦——"旋转中心"。这座欧洲前卫的摩天大厦高189米，共有9个区，每区有5层，共152个单元，每区都能旋转少许，整栋大厦共旋转90°。该大厦最底下两个区层是办公室，其余7个区共有150个豪华住宅单元。

该旋转大厦最具特色的还是它的外形，其楼体看上去仿佛在螺旋形上升，像少女扭动的身体。旋转大厦外墙的厚度也随着高度递减，其底层的外墙厚约2米，而大楼顶层的外墙厚度大约为0.4米。卡拉特拉瓦表示，设计这座大厦的灵感来自一件身体扭动的雕塑。他说"我希望建造与别人不一样的东西"。旋转大厦2005竣工后，在法国举行的国际房地产节上，获得了当年最佳住宅类大奖。现在这座极具特色的建筑已成为瑞典南部城市马尔默的标志。

位于瑞典189米的"旋转大厦"

其实，这座大厦只是建筑躯体做了扭动，并非真正意义上的旋转大楼。而美国洛杉矶建筑师迈克尔·伽特泽则设计出了一栋可以旋转的公寓，风一吹就能转。这套公寓共7层，每层都可以随风转动，因此你每分钟看到的房子的外形是不一样的。这一设计方案刚在美国亮相，就引起公众的关注。建成后的旋转公寓为世界上第一栋以风作为旋转动力的建筑。

这栋具有划时代意义的公寓由超轻材料制成，这便赋予了它风一吹便动的特性。旋转起来的公寓从远处看就像一个大风车。这7层建筑，除了底部的一层不能转动外，上面的6层均可转动。

建筑师迈克尔·伽特泽称："旋转公寓的外部结构是绝对匀称的。不同的风向可以改变房子的外部形状，它能进行最大幅度360°的旋转。所以，你每时每刻看到的公寓都是不一样的。"当然，你也不必担心快速的转动会让住在房间内的人感到头晕，因为房子的转速是可以进行人为控制的。

这样，住在公寓里的人们可以随心情和喜好，自行操控自己的房子了。例如改变房子的朝向、温度和景色等，而且房子在被风吹得改变其外观的同时，还可以利用风力来发电，为居民提供夜间照明，非常环保。据了解，建筑师建造旋转公寓的构想缘于一座外用超轻材料制成的亭子。这种以风为动力的建筑，将以全新的居室概念为基础，尽可能地为人类提供最为人性化的居住环境。

美国建筑师设计的风力旋转公寓

在我国也有可旋转的建筑。20世纪80年代，深圳建成的国贸大厦，就有一层可旋转的餐厅，人们在此品尝美食，又可观赏风光，这在当时是非常超前的。后来又有天津广播电视塔的旋转餐厅，国家大剧院的旋转舞台等，体现了建筑的高新技术。

1999年建成的北京中华世纪坛，建筑面积3.5万平方米，主体建筑分为"乾"和"坤"两部分。转动的坛面，象征着乾，是不停运动的天体。外面一圈静止的回廊，象征着坤，是包容万物的大地。而主体建筑中最重要的是旋转大圆坛，其重量为3000吨。如此巨大的旋转体在世界范围内还是第一次出现。

进入21世纪，建筑科技飞速发展，迪拜就是新科技的试验场。由意大利建筑师戴维·菲舍尔设计的全球首座旋转摩天大楼，高420米，共80层，外观看上去就像是不停扭动身姿的美丽少女。大楼上部为公寓，下部为办公区和酒店，每一层都可以独立旋转360°，而且可以保持不同的旋转速度。大楼中心轴将各层牢固地穿在一起，同时又能让各层楼可以单独、自如地旋转。为驱动楼层旋转，每层旋转楼板之间都安装有风力涡轮机，利用风能提供动力。

除了风能，大厦屋顶还装有大型太阳能板，最高年发电量在100万千瓦时，超过一座普通的小型发电站。这些能量，使这座会旋转的高楼，不仅能够完全靠自己产生的能量旋转，还能给大楼用户提供能源。同时还可将多余的电力传输给电网，为周围其他建筑物提供电力。

这座革命性的建筑2010年落成，通过整合旋转、绿色能源和高效的建设，改变了建筑在人们心目中的印象，并且宣告一个新的动态生存空间时代的到来。

会舞蹈的建筑

"建筑是凝固的音乐"已成为人们的共识，可说"建筑是凝固的舞蹈"，人们认可吗？当然可以。关于建筑与音乐，这个比较好理解，因为建筑高低起伏，富有变化，就像音乐一样，有高音符、低音符，有一种跃动感。而建筑与舞蹈的关系就觉得有点奇怪了，建筑能跳舞吗？真的跳起来人们怎么在里面住。其实，这只是个比喻。

建筑为什么要"舞"起来，这是出于艺术的考虑，也是科技的结晶。过去无论是西方的古典建筑，还是中国的传统建筑，都没有"舞蹈"的

位于捷克首都会"跳舞"的建筑

概念，那是因为技术和材料的限制，石头和木头怎么也难做出"舞蹈"的建筑。只有在科技高速发展的时代，新技术、新材料不断得到研发和应用，才能使理想变为现实。

最先把舞蹈揉入建筑设计中的，大概是一些大型体育运动场馆的天棚。德国慕尼黑奥运会运动场开风气之先，把天棚设计成仿佛往巨人肩膀后甩去的风衣，呈舞动的姿态，生动活泼，奇异醒目。之后，此种设计被迅速跟风，而且花样不断翻新，出现了许多凸现"舞蹈"元素的建筑。美国中部科罗拉多州丹佛空港的天棚就恍如一大匹在风中呈曲波状舞蹈的银缎。这些轻盈、飘逸的舞姿般的建筑，打破了传统的、固有的建筑格局，使建筑呈现出斑斓多姿的形态，让人们的视野更加开阔，审美情趣更加多元。

在捷克首都布拉格，有一座会跳舞的房子，坐落于沃尔塔瓦河畔。1992年由美国建筑师弗兰克·盖里和捷克建筑师米卢尼奇合作设计，于1995年完成，扭曲的造型使得这栋房子看起来像在跳舞。这座建筑造型充满曲线韵律，蜿蜒扭转的双塔就像是两个人相拥而舞，因此被称为"跳舞房子"。左边是玻璃帷幔外观的"女舞者"，上窄下宽像舞者裙的样子，上部伸出的一块并带斜撑的平台，像是舞者叉在腰间的胳膊；右边圆柱状的则是"男舞

者"，两者相依相偎，不离不弃，煞是有趣。所以又有人以著名的双人舞者金姬·罗杰斯及弗雷德·阿斯泰尔将大楼命名为"金姬和弗雷德"，两栋建筑物活像他们舞影婆娑的样子。这座大楼现为荷兰的保险公司所用。由于其造型奇特怪异，常有人来观赏。

以大胆前卫的设计风格闻名全球的美国建筑师弗兰克·盖里，在西班牙又设计了一座博物馆，整个建筑全由"扭动的肢体"构成，没有一个立面是规整的，不仅天棚，所有使用的空间，包括走廊，都是由曲面和曲线所组成。建成后的博物馆，通体仿佛是几个穿着紧身衣的舞蹈家在忘情的舞动中绞缠在一起。建筑师盖里也因此被誉为"建筑界的编舞家"。

舞蹈建筑的出现，打破了建筑界的宁静，与方方正正的建筑形成鲜明对比，是建筑艺术创作的新胜利。它虽是一个小流派，但却引

扭着身躯的波兰一家商场大楼

起不少跟随着。波兰索波特市有一座醉态可掬的房子，它建于 2004 年。楼身呈扭曲的褶皱状，像是一个扭动着身躯的舞蹈者，其俏皮奇特的外观，让街头过往的人无不为之张望。建于

2009 年的迪拜风中烛火大厦，是迪拜疯狂建筑艺术的代表。四栋单体建筑高度从 54 层到 97 层不等，汇集在一起构成一座舞蹈般的雕塑形象，看上去既像是烛火在闪动，又像是一群少女摆动着身姿在舞蹈。那活跃的青春，跳动的舞姿，创造了富有活力动感的社区，也显示了迪拜城市的魅力。

2014 年建成的北京望京 SOHO 是集办公与商用为一体的建筑，它由世界著名建筑师、第一位普利兹克奖女性获得者扎哈·哈迪德设计的，她惯用流线型的设计，并运用了建筑信息模型技术，造型优美，独具特色，让每一个局部都满足她要求的动态美。从墙到柱子，从台阶到扶手，从门窗到坡道，从入口到拐角，柔韧蜿蜒，和谐柔美。这一风格大胆前卫，突破传统，把冰冷的钢筋、铁架变成"绕指柔"。这种超现实主义风格的、近乎自然的、轻盈的、具有舞姿美感的建筑，营造了一种温柔、和谐的环境和气氛，非常符合 21 世纪创新发展的潮流，现已成为北京市又一标志性建筑。

建在树上的旅馆

树上能建旅馆吗？你别不信，世界上还真有这样的事情。

如今，随着科学的进步，人们早已脱离了"巢居"，搬进了舒服的住宅，那么现在还有树上的房屋吗？回答是肯定的。在肯尼亚就有这样一家树上旅馆，它建于 1932 年，是英国人埃里克·沃克为狩猎和观赏动物而建造的，是世界上最早的树上旅馆。

1952 年 2 月 5 日，当时的英国公主，即现在的英国女王伊丽莎白二世，来到当时处于英国殖民统治下的肯尼亚旅游，她和丈夫下榻在这家旅馆，在

肯尼亚的树上旅馆

这里游览并观赏野生动物。当天夜里，英王乔治六世突然去世，英国皇室当即宣布伊丽莎白公主继位。六日清晨，伊丽莎白就返回伦敦登基。人们说伊丽莎白"上树是公主，下树成女皇"。从此，这座架在一棵大榕树上的旅馆闻名于世。许多旅客慕名而至，但求一宿为快。

旅馆兴建之初，只有两间客房，后来逐渐扩建。目前它是建在数十根树干上的三层建筑，共有 50 个房间。两株古木穿越楼厅，其中的一株枝叶十分茂盛，仿佛是一道绿色屏障。旅馆高 21 米，全木质结构，底层离地面约 10 余米，野生动物可以自由穿行其下。二层楼的一套两人标准房内，有两个小窗户，并且都安装了木质护栏，以防动物窜入房间。标房面积不大，约 6 平方米，只能放下两只单人床，没有桌椅，没有衣柜，要洗澡、上厕所，须上公用卫生间。公用卫生间设在客房的走廊边，3 间标准房内客人合用一个厕所、淋浴房。

旅馆设有餐厅和长廊式酒吧。长廊酒吧装饰简洁高雅，木结构的墙上挂着多幅有关"树上旅馆"的历史照片。酒吧里沿窗是一排排沙发椅与茶几的配套组合，客人可在这里休息聊天或喝咖啡、喝酒。树上旅馆的周围，是景色秀丽的野生动物园——阿伯德尔山国家公园。登上旅馆第三层的平台，远眺可以望见非洲第二大山肯尼亚山白雪覆盖的山顶。俯瞰可以看到漫游于公园里的

各种成群的野生动物。"树上旅馆"每年吸引着世界上许多游客。

"德国第一树上旅馆",是2005年,建成并开张的,它坐落在德国东部萨克森州一个小镇的公园里。这所旅馆由5座小木屋组成,全部用木板搭建,隐藏在繁密的树叶之间。木屋悬在距地面10米的高空中,尽管如此,还是有很多人想在这里过夜。

游客若要进入旅馆,只能利用木梯小心翼翼地爬进去。为了方便游客,旅馆在各个木屋之间,搭有狭窄的木桥,巧妙地将整座旅馆联系起来。客人踩着木梯顺势而上即可步入奇妙的树上生活。狭窄的木桥连着5座建在洋槐树上的小屋。这儿的一切都是木头做的,空气中弥漫着木屑的味道。

日本的树上茶馆

每个木屋里面的空间并不大,但显得紧凑,屋内设施却和星级宾馆一样。而整座旅馆的卫生间则建在地上,小木屋内也都设有应急洗手间,以便客人在来不及到地面上厕所时解决问题。此外,每个木屋都带有一个面积不大的阳台,旅客们站在上面,可以远眺到穿越德国和波兰边境的尼斯河风光。同时,在这里还可以看到德国最早的日出。

在日本,有一座建在树上的私人茶馆,它架在两棵板栗树的顶端,并只有一个独立支撑的梯子和支柱通行。小巧玲珑的茶馆只有2.7平方米,里面铺以韵味十足的竹席,沏茶区划在一个小小角落。在这个拥有独特空间氛围的所在,你可以平静的坐上几小时,顺便一览窗外的山光秀色和小镇风情。别看这茶馆小,知名度却很高,它曾被美国《时代周刊》评为"世界十大危险建筑"之一。

而我国树上的建筑也不少,在海南岛三亚有一座树屋,它建造在罗望子树上,被誉为"空中海滩",屋内有照明设施,但不提供热水浴。游客可以通过绳子和木板搭起来的悬桥进入树屋。

湖北恩施坪坝营树上宾馆的小屋都悬在空中,狭窄的木桥连接着树上的小屋。客人踩着木楼梯登高,步入让人向往的凌空境界,空气中飘着花草的清香,令人心旷神怡。而在广东英德天门沟驿站的树屋村,不仅有树上温泉,还有树上餐厅,游人可在此领悟原生态旅游养生的乐趣,还可亲近自然,充分感受人与自然的和谐之美。

漂浮在水上的房屋

在迪斯尼的动画片《飞屋环游》里头，卡老头的房子可以随着彩色的气球乘风而起环游探险，让生活在真实世界里的人们羡慕不已。可实际上在荷兰已经有一种神奇的房屋，虽然它不能飞在天空，但是可以漂浮在水中。

荷兰是世界上著名的低地国家，全国境内有 2/3 的国土低于海平面，而且随着全球气候变暖，将会有更多的国土沉没到海平面之下。同时，荷兰也是世界上人口密度最高的国家之一。荷兰人素有向大海争土地的美誉，荷兰人与海水已经进行了数百年的斗争，这里的河流湖泊众多，但是，人们不再把水看做是一种威胁，而是决定努力创造出一个富有特色的基础设施和环境。为了解决建筑空间不足的问题，荷兰人想出了一个绝妙的办法，在水上建造了浮动的房屋。

在如诗如画的马斯博默尔村，很多人喜欢紧临默兹河居住，可是就在 1995 年荷兰遭到了洪水灾害的时候，马斯博默尔村发生了溃堤，居民们对于突如其来的灾害毫无防备。那情景简直是太可怕了，在几个小时之内，25 万人都要从家园转移，人们不得不背井离乡。

为了应对洪水的泛滥，荷兰的杜拉维梅尔建筑公司，十几年前就开始着手研究漂浮房屋。工程学家们设计了两种类型的房屋，一种是完全漂浮在水面上的，像船一样没有固定的基座。而另一种是将基座设置在柔软地基上的，当洪水袭来的时候上层的建筑会自动随水位漂浮起来。这种漂浮的房屋，当河水上涨的时候，水上房屋也会随之上浮。它可以上升到 5.5 米，和这里的河堤高度一致。住上这种房屋，人们再也不会受到水的威胁，也不用再搬家了，而是以水为邻，与水和谐共生，可以参与各种水上运动，玩各种水上游戏。

据浮动房屋的设计者，荷兰建筑师戈若尔克勒根介绍，两种类型的房屋都是轻质材料，在底部设有中空的

临水而居的漂浮房屋

混凝土基座，以增加其地基的稳定性，基座内填放着泡沫材料，这样房屋就能像船体一样在水上获得较大的浮力，起到救生筏的作用。而在沼泽地带，房屋基座底部的巨大钢管则可以像锚那样把房屋固定在同一个位置，不会随波逐流，而会"水涨船高"。

在荷兰首都阿姆斯特丹东部，已先期建设了 43 套住房，并将其命名为"斯塔格岛"，意为"码头上的小岛"。这

可亲水游乐的水上住宅

43 套住房像小船一样停在码头上，从左至右占地约 4 个码头，每套房子有 3 层楼，面积达 160 平方米。一层是宁静的卧室，让人享受绝对私密的个人空间；二层有大面积的落地窗，开放的户形让灿烂的阳光轻松入户；三层有一个大阳台，还有一个可作办公室或独立卧室的大房间供自主设计发挥。这些漂浮住宅也被称做"水屋"，这些水屋用多个混凝土锚将房子固定住，同时这些锚还可以保证水位上升和下降时房屋也可以随时与水位同进退，而不被洪水冲走。

阿姆斯特丹市修建的一个最大规模的人工岛区域，在艾美尔湖上，这个大项目边建设边入住，目前已经有两万多人入住到这里。这些房屋由位于艾美尔湖北部 65 公里远的造船厂建造，接着通过水上运输拖过来，然后进行安装。竣工后这个街区将有 1.8 万所房屋，能容纳 4.5 万人，配套设施包括学校、商店、休闲中心、餐厅和湖滩。这种浮动的房屋属于一个全新的"物种"，新颖而奇特，既能抵御洪水的危害，还环保、节能、可持续发展。

根据未来的发展趋势，水上的房屋在荷兰会越来越多。因为那里到处都存在水患，漂浮房屋不仅在荷兰是解决水患危机的有效措施，还很有助于解决一个全球性的问题。比如在孟加拉、日本、英国和美国，都存在这样的问题，需要大量修建的这种水上房屋。有科学家预言，到 2100 年世界的海平面会上升 110 厘米，因此洪涝气象会更加频繁，漂浮房屋在应对水灾方面，无疑是一个不错的选择。

用纸板做成的建筑

纸的发明，是中华民族对世界文明的伟大贡献之一，小小的纸张，承载着凝重的历史，记录着人类进步的足迹，从而改变了世界。

谁都知道，纸是用来记录和书写的，可随着科学技术的发展，纸也变成了建筑材料。

在澳大利亚，就有一种用纸板做成的房子。这种外形美观时尚、新颖别致的纸板房，可不是中看不中用的花架子，它是真正可供实际居住的一种新式住宅样式。纸板房不仅坚固耐用，遮风挡雨，而且还是一座从内到外的绿色环保屋。

这种纸板房由一家建筑公司与悉尼大学房地产研究中心合作设计建造。建造这种纸板房所采用的主要材料为100％可再生纸板，在环保方面自然具有其他房屋所无法比拟的优势。

纸板房的主体框架由宽大的纸板相互交叉咬合拼嵌而成，而屋内的家具、地板、门窗、照明以及一些其他设施的布局则视最终完成的主体框架的结构而定。房屋中比较容易受潮的部位，如屋顶、浴室、厨房等，都采用一种具有很强防水性的 HDPE 塑料材质制成。

为了使轻巧的纸板房能在地面上更好地"站稳脚跟"，屋顶上还覆盖有一层类似帐篷盖的特殊材料，并且室内的地板也采用了双层结构，以进一步增强整座房屋的承压力。

这种纸板房在设计上不仅选择了极为环保的材料，而且还充分考虑了使用上的环保性。首先，在室内地板下建有用防水性 HDPE 材料制成的专门的储水装置，可以加强整座房屋对水资源的循环利用。其次，屋内的卫浴系统还可将住户的排泄物处理成有机肥料，用于家庭园艺施肥。此外，房屋内采用了低电压照明系统，利用 12 伏的车载电池或安装在屋顶上的小型太阳能电池就能启动使用，可实现电力的自给自足。

整座纸板房不仅可以折叠，而且可分拆成地板、墙壁等不同模块。在搭建时只要用螺母、螺栓、绳索等简单的紧固件将这些模块及其外层保护膜像搭积木一样组装起来即可，并不需要特别复杂的技术。通常，搭建这样一座纸板房只需两个人花上 6 个小时的时间就可完成。

这种造价低、施工快且坚固耐用的纸板房最适合被用于短期居住，可实现多种用途。人们可以在露营时带上它，在野外搭建一个舒适的小窝。也可以将其当做临时的过渡房使用。而当发生地震等自然灾害时，它就又可成为一种相当不错的紧急救灾用房。

别小看这纸房子，它有很多优势。

日本一位建筑师还因此获得过被誉为建筑界的诺贝尔奖的普利兹克奖呢。这位建筑师叫坂茂，他曾在卢旺达、土耳其、印度、中国、海地和日本等国，用纸筒和塑料箱等易耗材料设计建造临时住房，为发生自然灾难的民众提供庇护场地。2011年，新西兰的克赖斯特彻奇大教堂在地震中遭到严重毁坏，

日本建筑师用纸筒为新西兰设计制作的临时圣堂

他当时参与相关工作，设计了主要用硬纸筒做成的临时教堂。他还应邀在为法国南部和加尔东河的嘉德水道桥做相关设计时，创造了一座纸质的人行桥。

法国嘉德水道上的纸筒桥梁

2014年3月，评审团在授予坂茂普利兹克奖的授奖词中说："他的建筑为经历巨大损失和毁灭的人们提供了庇护地、交流中心和精神慰籍所。悲剧袭来时，他常常一开始就在现场。"坂茂则谦逊地说，这不是对我成就的奖励，而是肯定我的工作对人道主义的重视，我还要用更多的纸房子为公众服务。

用纸板建房子够有趣了吧，可现代科学技术的发展又孕育出了一种神奇的纸钢材料。这种新颖别致的材料不仅可以做得和纸一样薄，而且能和钢相似，再加上它以纸和钢做基材，因而称其为"纸钢"名副其实。

纸钢是用极细的金属细丝纤维，混在纸浆中，用造纸法制成的，故又叫金属纤维纸。薄的纸钢厚度仅有为零点几毫米，厚的为2~3厘米。纸钢强度极高，且不会老化，用纸钢建造的房屋轻便，可以拆装运转，适宜做临时性的工厂、课堂和野营房屋用。更妙的是美国已经用纸钢建成了一座纸桥，跨度达15米，宽约3米，造成之后，不但能行人，连小型拖拉机和2.5吨重的吉普车都可安全通过。

价值连城的瓷房子

这是一座奇怪的房子，也是一座近乎疯狂的房子，其院墙、楼体内外全由古瓷瓶、瓷盘、瓷片镶嵌包砌，共用了 4 亿多片古瓷片、13000 多件古瓷瓶瓷盘瓷碗、300 多个汉白玉石狮子、300 多个明清时期的瓷猫枕、20 多吨水晶玛瑙。每片古瓷片价格多少？每件古瓷瓶又值多少钱？恐怕难以估量，可以说这是一座价值连城的瓷房子。

瓷房子外景

瓷房子位于天津市和平区赤峰道 72 号，可称得上是一幢举世无双的建筑。它的前身是历经百年的法式老洋楼，建筑面积 4200 平方米。2002 年，当地一名商人，也是收藏家将其买下，并对其进行改造装修，使其摇身一变，成了"中国古瓷博物馆"。数以千万计的古瓷器将楼内楼外装点一新，原来十足的西洋味不见了，取而代之的是透着古老气息的中国味。

瓷房子可谓天津的一道亮丽风景，尽管它只是一个三层小楼，可参观的人络绎不绝。无论是谁，哪怕是百岁老人，在这些瓷器面前，都是一个小孩，因为在这里随便拎一件物品，都有百年或几百年的历史。无论你懂不懂欣赏瓷器，无论你了不了解古瓷的贵重，所有的游人都会被这座由古瓷建成的小楼所震撼。这里有晋代青瓷、唐三彩、宋代钧瓷、龙泉瓷、元明青花，清代粉彩等精品名瓷，几乎中国各朝各代所有门类的瓷都可以在墙上找到，而且都用水泥内部浇注，并用大理石胶粘连固定，成为建筑的一部分。

瓷房子独特的气息不仅在于其汇聚的海量古瓷，而且在于展品的展示方式。一般博物馆通常是将展品展示在室内，而这座"中国古瓷博物馆"的展品则展示在你可以看得见，摸得着的地方。让人不可思议的是，这么珍贵的一座瓷房子，就这么无遮无拦地立在马路边上，没有围墙，没有保护，每一个路人都可以抚摸外墙上的那些瓷瓶，车辆的交通事故都有可能给瓷房子造成极大的损失。临街院墙上，由300多个青花古瓷瓶垒砌串联而成的墙面，瓷器突凸外露，琳琅满目，像是销售，实为展览。路人谁都可用手触摸，感受瓷器之美。

进得院门，便可看见楼顶巨龙盘绕，其中最长的一条长768米，宽80厘米，气势壮观，活灵活现，全部用古瓷片拼成，所用古瓷达800多万片，是世界上最长的古瓷龙。令人惊叹的是，瓷龙在楼顶蜿蜒出五个英文字母"CHINA"，字母之间首尾相连，形态生动，曲线优美，如同巨龙在空中飞舞。蜿蜒如龙体的字母右边，是用红釉瓷片做的三个端庄汉字："瓷房子"，自上而下排列，稳健大气。龙体字母的左边，是高高伸向空中的一颗大大的五角星，这也是用红釉瓷拼贴而成，表达了主人的爱国情怀。

瓷房子以瓷为魂，以瓷著名。整个楼体上下墙面、窗户、门框、立柱、楼梯扶手都贴满了瓷片，不时有水晶汉白玉点缀其间。二楼、三楼的凉亭被完整的古瓷盘所覆盖，就连天花板上都镶有瓷器，而且中间一圈是世间少有的鱼纹盘。说它是"瓷房子"，真是名副其实，就连室外的排水管，也用水晶和明清瓷锚枕包裹着，完全看不出原来的模样，显得豪华大气。再

看看屋面上，一只只瓶子像瓦似的从屋脊排到屋檐，全是具有历史价值的古瓷器，其中不乏珍品。在这里，这些宝贝任凭风吹日晒雨淋，即使秋叶飘落到上面，那瓷器仍不失其光彩。

用瓷瓶装饰的院墙

在瓷房子内部，红色的墙壁上，用各种颜色的瓷片贴出的古今中外名人字画，光彩照人，熠熠生辉。这里有唐代张萱的《捣练图》、宋代苏轼的《枯木怪石图》、张大千的《荷花图》、齐白石的《知鱼图》，还有毕加索的《自画像》以及达·芬奇的《蒙娜丽莎》等瓷片画作。这里是瓷的世界，也是艺术的世界。

精美、奢华、独一无二的瓷房子，简直难以想象，就连院子的后墙同样摆满了完整的瓷瓶，门柱上的灯罩也是瓷罐做的。瓷房子的主人将"瓷"的应用在这里发挥到了极致。

2010年，美国《赫芬顿邮报》评选出全球十五大独特的博物馆，瓷房子是中国唯一上榜的博物馆。

奇特有趣的冰雪建筑

冰是大自然的产物，当气温低于摄氏零度时，水就会凝结成冰。

冰用于建筑也有其悠久的历史。三国时期的曹操，有一回和马超在潼关作战。曹军几次想渡过渭水，都因没有城堡而没有成功。于是曹军就想出一个办法，利用天寒地冻之机，让士兵们担土泼水，随筑随冻，一夜之间，在不能筑墙的渭河边上筑起了坚固的冰沙城，立下营寨，终于打败了马超。

用冰雪做房子是爱斯基摩人发明的。他们世世代代生活在北极地区，这里常年积雪不化，气温在0℃～−50℃之间，即使在夏季，太阳也升不到高空，气温极

北极爱斯基摩人的雪屋

低。勤劳勇敢的爱斯基摩人就地取材，采用一种原始方式建造了奇特的圆顶"冰雪屋"，以抵御凛冽刺骨的暴风雪。这与他们的环境和生活习惯有关，爱斯基摩人喜欢狩猎，有时赶不回营地，便将积雪锯成块状的雪坯，全砌成圆形雪堡，作为临时性居住的房屋，于是"冰雪屋"就成为一种居住形式保留下来。

这种"冰雪屋"的建材全部为冰雪，砌筑时将密实度好的雪切成块状，然后按一定的规律堆积起来，最佳的建材是被风吹制而成的雪，这样的雪能够紧密地堆积并通过冰晶互相粘接。冰雪屋的最独特之处是它的圆顶，从力学角度来讲，拱形能增加物体的强度和稳定性，球状结构最牢固。因此这种房屋最符合力学原理，不需要任何支撑结构，也最节省建筑材料，大大减轻了寒冷天气下的劳动强度。

"冰雪屋"一般直径为5米，有低于地面的长长通道作为入口，室内及门口挂有兽皮，再点上海豹油灯用于照明和取暖，室内显得暖和而舒适。在芬兰的凯米、罗马尼亚的比莱亚湖、瑞士的阿尔卑斯山下，都有用冰雪做的建筑，这些建筑都被用做旅馆，供游人体验游览，

成为当地旅游业的一个景点。

在我国东北太阳岛，也有用冰雪建成的旅馆。旅馆内有冰雪大厅、冰雪客房、还有厨房和卫生间，客房卧室的冰床由下到上依次铺着特制的隔寒板、苯板、席梦思床垫、被褥以及特制的电热毯等。房间内还有一个冰雕的床头柜，床头柜上面是一个冰雕的台灯。人们睡在这里并不感到寒冷，室内温度可达到16℃。此外，沙发、马桶上也配有加热器，让人坐在冰上也感到温暖。人们在这里吃着东北风味的冰雪套餐，如"冰冻饺子"、"冰冻白菜蘸酱"、"酸菜炖豆腐"等，真是一种特别的享受。

世界上最大的冰雪建筑要算瑞典的冰旅馆了，它位于瑞典北部尤卡斯加维村。冰旅馆室内面积为5000平方米，每晚可接待150位来宾。为建造这样一个度假之所，每年都需要从附近冻结的托尔讷河运来3万立方米雪及2000吨冰，而且每年的12月要修缮一次，面积逐年增加。冰旅馆中的一切，包括接待处、枝形吊灯、桌椅、雕塑以及房间，都由冰块制成。这座旅馆以冰雕、电影院、桑拿浴和冰吧为特色，还有世界上独一无二的冰教堂。人们住在这里，不仅可以欣赏冰建筑，还可用冰做的杯子饮酒，别有情调。倘若谁想办一个"冰清玉洁"的婚礼，

不妨在这冰教堂里立下海誓山盟，然后住进用冰砌成的新房里，让激情迸发，将爱冷冻起来，永远保鲜。

冰建筑又是一种艺术的展示。在我国冰城哈尔滨，每年都要举办"冰雪节"，这一活动要建造大量的冰建筑，包括冰雪大世界的大门、欢乐城堡中心、冰雪迪士尼展区、格林童话冰雪展区、西游冰雪展区、摩尔庄园展区、冰雪实景演出区等等，面积达60万平方米。尽管这些精美辉煌的冰建筑只能保留三个月，但它也是世界上独特的建筑了。

随着现代科技的发展，冰建筑的实用性也越来越强。根据合金可以提

我国东北的冰雕建筑

高金属的种性的原理，在冰中加15％的锯末，冰的拉力和压力强度均可提高2～3倍，比一般混凝土的强度还高。若在冰中加上玻璃丝，冰的强度不仅可以提高10倍以上，而且破裂时不会全面裂开。因此，在一些严寒地区和极地，人们用这种冰来建筑桥梁和房屋，比用砖木结构要厚实得多。

多姿多彩的充气建筑

人们小时候都玩过五颜六色的气球，如果建筑能像气球一样该多好啊！这一小朋友们的遐想，竟然会变为现实，世界上还真有像气球一样的建筑呢。一种新颖奇特的充气建筑已展现在人们面前。这种建筑根据结构可以造出许许多多的形状来，有的像大圆球，有的像大面包，还有的像扣在地上的盆和碗，真是多姿多彩，美不胜收。

1954年，美国空军在雷达基地上建成一个直径为15米的圆形雷达罩，成为世界上第一个充气建筑。之后，各种充

美国密歇根州庞蒂亚克体育馆

气的工厂、兵营、仓库等军事设施应运而生。直到1957年，美国建筑师沃尔特·伯德把自家房屋游泳池的罩蓬做成了充气式结构，并且在美国的生活杂志上作了介绍。从此，充气建筑才被世人知晓，开始在世界各地发展起来。

20世纪60年代，作为一种新的真正的结构形式，充气建筑才引起建筑师和结构工程师的兴趣。于是，一些展览馆、体育馆等如雨后春笋般地涌现出来。到70年代，在国外，充气建筑已进入大放光彩的阶段。此间，英国建造了充气住宅。1970年大阪国际博览会上各种充气建筑五花八门，如充气伞休息亭、充气通信站、充气球场馆等应有尽有，丰富有趣的造型和灵活多变的色彩配置，显示出了其强大的生命力。1975年建成的美国密歇根州庞蒂亚克体育馆，覆盖面积达36960平方米，可容纳8万多名观众。1983年，加拿大建造的第一个室内运动场BC馆，长232米，宽190米，总高度60米，是目前世界上最大的充气体建筑。它不仅可以举办各种体育比赛，还可以举行音乐会、展览会及歌剧演出等活动。

充气房屋没有传统建筑的直线、平面和棱角，一切都是流线型的，各

部分的交接也都是平滑过渡，给人以柔和、圆润的感觉。它不是以建筑构件的自重稳固地坐落在地面上，而是依靠地锚拉住。其结构形式主要分为气承式和气胀式两种。

气承式充气结构，是利用较低的空气压力给薄膜以张力，使之形成空间，并以此来抵抗外力作用的结构。

气胀式充气结构，是给双层膜之间充气，得到较大的内压使膜面产生张力。一般内压至少在800毫米水银柱以上，通常形成柱、梁、

形似面包的充气运动馆

拱、板、壳等基本构件，再将这些构件连接组合而成建筑物。如在越南战争中，越军曾用400多幢气胀式结构的房子作为野战医院，这些结构都是把一些相同单元拼装后得到的，每个单元都由12根断面为30厘米×50厘米的充气管组成，如果一个单元一个单元依次排列组装，可以得到任意长度的拱形房屋。

气承式结构和气胀式结构还可以进行组合，形成一种混合式结构。它吸取了气胀结构隔声隔热性能好和气承结构覆盖空间较大的优点。如1970年大阪世博会电力馆，就是气承式结构和气胀式结构相结合的一个实例。

充气建筑一般具有重量轻、建造快、工期短、抗震性能好、总造价低和拆除方便、可反复使用等优点。如大阪世博会美国馆，菱形网索的巨大气承式结构，平面尺寸为83米×24米，屋顶高9米，屋面自重每平方米只有1.2公斤。后来，美国建筑师还研制成功了一座充气桥，桥身充气后，可通过180吨的载重汽车。而波兰工程师更有创意，设计了一种专门供巡回演出用的充气剧院——橡皮胶囊房子，外形呈半球状，结构为双层充气膜。演出时，给房屋气囊内充入空气，大约一个小时，一座可容纳400名观众的剧场就奇迹般出现在人们面前。演出结束后，就将囊中的空气放掉搬走。

目前，充气房屋在建筑领域还是一朵新花，优势较多，特别是在超大跨度建筑中，它将成为首选方案之一。

有了充气房子，再配以充气的家具，效果会更加令人满意。事实上，一些充气家具已经进入了人们的生活。如充气床垫、充气沙发，还有像搭积木一样的充气家具，充气后可根据各人爱好组合成不同的造型，又方便又时尚。

与众不同的盐巴建筑

你也许见过各种各样的建筑，但是你不一定见过用盐巴做成的建筑。南美洲玻利维亚西部的乌尤尼地区，是一个盐的世界，放眼望去，一片银白，无边无际。

然而，这里最令人惊奇和最具吸引力的还是用盐建成的旅馆。白色的盐巴旅馆在蓝天的相映衬下，给人留下深刻的印象。乌尤尼地区严重缺乏木材和其他传统的建筑材料，所以就用盐作为材料来建房子。盐巴旅馆的墙壁和柱子都是由盐块垒成，就连屋顶、地板、床铺、桌椅及台球桌、沙发、茶几、雕塑等，也都是用盐巴做成的。每到下雨时节，盐块还会因为雨水变得更加坚固。旅馆的地上还铺着厚厚的一层细盐，踩上去柔软舒适。旅馆里面的设施一应俱全，设有房间、餐厅、酒吧和舞厅。盐巴旅馆是世界上唯一用盐建造而成的房舍，它利用了盐能在夜间保存白天吸收的热量这一特点。所以盐巴旅馆的舒服程度丝毫不亚于传统意义上的宾馆，而旅馆四周的大盐田更是独特的风景。

这家旅馆是玻利维亚建筑师胡安·克萨达在二十几年前设计的，共用去 100 万个盐块，整个工程耗时两年。盐巴旅馆的占地面积约为 300 平方米，旅馆拥有 28 个标间，两个套房及干桑拿、蒸汽房、盐水泳池、漩涡浴和按摩房等。所有客房都有 24 小时的热水和暖气供应。盐旅馆发言人乌恰

旅馆内用盐块垒筑的墙壁和茶几

称，第一次入住这家旅馆的顾客都不敢相信旅馆从内到外全是盐。"他们没办法相信所有的东西都是盐做的，我亲眼见过好几名游客会舔舔家具，尝尝是否真的是盐。"不过，为了防止设施遭到破坏，墙上的牌子写着："请勿舔舐墙壁。"

为了满足游客的猎奇心理，当地人又陆续在湖边盖了一座座"盐房"。利用旱季湖面结成的坚硬的盐层，当地人将其加工成一块块厚厚的"盐砖"，用秸秆和泥砌成墙，再用木板与秸秆

做屋顶。一般四五个人花 2～3 个星期就可建成一座盐房。盐房除屋顶和门窗外，墙壁和里面的摆设包括房内的床、桌、椅等家具都是用盐块做成的。屋顶和门窗使用其他材料主要是怕雨水浸泡，以此防止盐房融化倒塌。

住人的房间床头和浮雕都是盐做的

这种接待游客的盐房规模都不大，一般也就几个房间。房间似普通饭店的标准间，里面放有两张盐床。房主向游客按床收费，每晚每床 10～15 美元不等。因为地势高，当地昼夜温差很大，白天气温接近 20℃，夜间的气温可低至零下 20℃。旅馆没有暖气，为了防寒，床上全都铺着厚厚的驼羊皮，躺在上面再盖上厚厚的驼羊皮毯，这样游客才不致半夜被冻醒。

盐巴建筑不仅玻利维亚有，在阿根廷也有用盐做成的房子。这些房都建在一个盐湖边，这里简直是一个盐的海洋，堆积的盐像山一样，脚底下踩的全是盐，盐凝结在湖面上，像冰块一样，如冰砖一般，偶尔遇一处"冰洞"，用手撩撩水，不一会儿，手上就沾满了盐。这里的人建房不用别的沙石，而是就地取材，用盐做成砖块，垒成墙壁，房屋就这样建成了。

我们已经了解到许多外国的盐巴建筑。我国西部青海省柴达木盆地，也是一个盐的世界。在约 20 万平方公里的土地上，星罗棋布地镶嵌着大大小小众多的盐湖。盐聚积在湖泊里，经长期的干燥作用之后，沉积成了一层浓厚的岩盐层，湖泊变成了一面明亮而坚实的巨镜，连飞机都可以停航在上面。用盐制成的砖块可砌筑成房屋，这种用盐建成的房屋像"水晶宫"一样，极富神话色彩。然而，这里最有趣的还是用盐筑成的"长桥"。

这座神奇的长桥，建筑材料是天然盐巴，并且没有一根桥墩或立柱；它悬浮在中国最大的盐湖——察尔汗盐湖之上，长 32 公里，折合市制可达万丈，因而被称为"万丈盐桥"。

万丈盐桥，实际上是一条在岩盐层上铺就的便道。明明是路，为什么称作"盐桥"？要想知道其中的奥秘，必须先了解盐湖的结构。察尔汗盐湖面积 5856 平方公里，宽阔的湖面上，蒸发量比降水量要大 140 倍，由于长期蒸发，湖水已浓缩成一层坚硬的盐盖。在几十厘米至一米多厚的盐盖下面，是深达一二十米的结晶盐和晶间卤水，公路实际上就像一座桥浮在卤水上面，"万丈盐桥"便由此而来。

137

彰显特色的时尚建筑

巧夺天工的体育场"鸟巢"

举世瞩目的北京奥运会主会场——国家体育场，其形状酷似一个用树枝搭建的鸟巢，不规则的线条支撑了建筑结构的本身，外边不覆盖墙面，直接将钢筋铁骨暴露在外，因而自然形成了优美的外观造型，所以人们亲切地称它为"鸟巢"。

"鸟巢"这些看似不规则的线条，都是经过精心组合和精确计算的支点和网络，线条相互支撑，形成网络构架。这个独特、新颖、时尚，具有非凡创造力和视觉冲击力的建筑，给人以极大的震撼，被称为未来的建筑提前降落人间。

大家知道，鸟是人类的朋友，它不但有鲜艳的羽毛，婉转的歌喉，还有被誉为"天然艺术品"的巢。在国外就有这样一句谚语："人类除了鸟巢之外什么都能制造出来。"由此可见，这个天然的艺术品不但漂亮，而且巧夺天工，是一种不朽的大自然的杰作，同时也成为人类建筑物构思时取之不尽的创作源泉。

鸟巢的最大特点是，结构精巧，造型讲究，做工细致。像喜鹊和其他鸟类的巢大都筑在树枝上，而且就地取材，衔来比较结实的树枝，交错搭设，叠筑而成。巢口一般都避风朝阳，这样就解决了风吹和光照的问题。在我国吉林和北京一些地方的大树上，就曾发现过几个与众不同的喜鹊巢，其外壁几乎全是用粗铁丝编成的。这铁质的鸟巢也许启发了奥运"鸟巢"的

国家体育场鸟巢

设计灵感。

在国外看来不可能制造的"鸟巢"，而今在我国首都北京建成了。这个被称为世界上独一无二的开创性建筑，是由瑞士赫尔佐格和德梅隆设计事务所与中国建筑设计研究院联合设计的。其设计方案从中外13个竞争方案中脱颖而出，入选前三。随后在由市民参与的投票中，"鸟巢"方案以3506票获得观众评选第一名。经决策部门认真研究，"鸟巢"最终被确定为2008年北京奥运会主体育场的实施方案。

奥运"鸟巢"采用了众多的高科技，使其成为名副其实的科技"鸟巢"。其构架全由钢铁打造，用钢量为 4.2 万吨。平均钢梁在 50 到 180 米之间，其中最长的一根钢长达 300 米，达到世界之最。常规建筑是由垂直的柱子和平梁结构组成，而"鸟巢"的墙体是由 500 多个"斜柱"、"双斜柱"、"Y 形柱"构成，其中有 24 根大钢柱，仅一根钢柱脚就达 175 吨，这些钢柱支撑起 4 万多吨的钢构架。"鸟巢"的钢铁在科技人员和建设者的手中，被编织得条不紊。

这个"鸟巢"是由网架构成的，但不是简单地把结构暴露在外。从体育场里面看，结构的外表有一层半透明的膜，如同中国的纸窗。采用这种设计后，不需要为体育场另加像玻璃幕墙那样的表面结构，可以降低成本。使用这种半透明材料的另外一个好处是，场内的光线不是直接射进来的，而是通过漫反射进入，光线更加柔和。

"鸟巢"体育场建筑面积 25.8 万平方米，占地 20.4 公顷。建筑平面呈椭圆的马鞍形，地上高度 69.21 米，地下高度 7.1 米，东西向长 298 米，南北向长 333 米。工程设计为特级体育建筑，主体结构使用年限可达 100 年。

国家体育场 2003 年 12 月 24 日开工，2008 年 6 月 28 竣工。从外观上看起来，这个巨型体育场如树枝组成的"鸟巢"，其灰色矿质般钢网以透明的膜材料覆盖，其中包含着土红色的碗状体育场看台，这灰红色彩的对比，显示出东方建筑的含蓄之美。同时，整个建筑还蕴涵了中国传统哲学所追求的和谐及平衡，把东方建筑美学发挥到了极致。

体育场设内有 9.1 万个坐席，所有坐席都能享受最佳的观赛视线。整个看台是一个均匀连接的环行，像一个碗的形状。2008 年北京奥运会期

鸟巢内景

间，地球上约有 30～40 亿观众目睹了"鸟巢"的风姿，开放、自由、自然的"鸟巢"，向世界讲述着中国故事。国家体育场"鸟巢"的建造，表现了中国人的非凡智慧和创造力，它已成为一个全球性的标志性建筑，被列入"世界十大建筑"之一，成为中华民族崛起的象征。

方正神奇的奥运水立方

"水立方"是北京奥运会国家游泳中心的别称,是专门为 2008 年夏季奥运会修建的主游泳馆。它与"鸟巢"比邻,遥相呼应,鸟巢居东,水立方居西,一个方一个圆,这方与圆的完美结合,体现了中国传统的"天圆地方"理念。

这座占地面积近 8 万平方米,蓝色水晶宫殿式的建筑,长宽高分别是 177 米×177 米×30 米,形似一个方盒子,建筑面积达 79532 平方米,是北京奥运会标志性建筑物之一,也是百年奥运的经典之作。

别看这个简单的"方盒子",它设计新颖,结构独特,新潮时尚,是中国传统文化和现代科技融合而成的产物。中国人认为,没有规矩不成方圆,按照制定出来的规矩做事,就可以获得整体的和谐统一。在中国传统文化中,"天圆地方"的设计思想催生了"水立方",它与圆形的"鸟巢"——国家体育场相互呼应,相得益彰。而这个"方盒子"与圆形的"鸟巢"形成一种刚柔相济的协调关系,反映了一种阳刚之美和阴柔之美。

"水立方"是世界上最大的游泳中心,拥有 4000 个永久坐席,2000 个可拆除坐席,11 000 个临时坐席。比赛大厅是水立方的核心区域,整个大厅长 116 米,宽 70 米,高 30 米,面积 8120 平方米,内有两个泳池。游泳池 25 米×50 米,水深 3 米;跳水池 25 米×30 米,水深 4.5～5.5 米。坐席区拥有 5000 余个标准坐席,座椅水天一色,如同一池碧水飞溅出的层层浪花。

"水立方"不仅建筑新颖,还有许多神奇之处。它采用世界上最先进的环保节能材料,外围是内外两层

水立方外形

ETFE(四氟乙烯)膜结构。这些膜结构是根据细胞排列形式和肥皂泡天然结构设计而成的,在过去的建筑结构中从来没有出现过,十分新奇。由 3000 多个气枕组成的墙体,覆盖面积达 10

水立方内景

万平方米。这些气枕大小不一，形状各异，最大的一个约 9 平方米，最小的一个不足 1 平方米。与玻璃相比，它可以透进更多的阳光和空气，从而让室内保持恒温，能节电 30%。充气后的气枕由电脑智能监控，使"气泡"始终保持最佳状态。

气枕使用的材料质地轻巧，但强度却超乎想象。实验表明，气枕充好气之后，人在上面跳跃，甚至汽车压过去也没有问题。气枕根据摆放位置的不同，外层膜上分布着密度不均的镀点，这镀点可以有效屏蔽直射入馆内的日光，起到遮光、降温的作用。此外，这种材料的延展性、耐火耐热性也都非常突出。将它拉伸本身的三到四倍长都不会断裂。而达到 715℃ 以上它才可能被烧一个窟窿，但是不扩散，没有烟，也没有燃烧物掉下去。

对于充气枕来说，最大的威胁来自于飞鸟，因为它们的爪子钩在气枕表面，很容易造成表面的划伤。为此施工时在"水立方"顶部铺设了很细的钢丝网，以阻止小鸟飞落。气枕的气压是由电脑控制的，可随时监测，万一出现外膜破裂、漏气的情况，工作人员可在 8 小时内就完成对破损外膜的修补和更换。对于小面积的破损，用类似创可贴的专用胶带就可修补。

"水立方"使用的 ETFE 膜还有奇妙的自洁功能。由于这种材料的摩擦系数很小，不易附着尘土。即使粘上些灰尘，只要下点小雨，立即就能将膜冲洗干净。此外"水立方"的色彩也很美，白天它是淡蓝色的。到了夜晚，可以变换多种颜色，还可以组合成各种图案。这其中的奥秘就在于"水立方"外墙的每个气枕泡泡间都装有 LED，其总数达 3.6 万个。LED 发出魔幻神奇的灯光，使"水立方"多姿多彩，魅力无穷。

水立方是 2008 年北京奥运会水上项目的比赛场地，那次共产生了 44 枚金牌，创造了 25 项世界纪录。奥运之后，这里成了群众休闲、健身、娱乐为一体的开放场所。

形似水滴的国家大剧院

在北京人民大会堂的西侧，西长安街以南，有一座形似水滴的建筑，它现代、新颖、时尚，恰如一颗漂浮在水面上的珍珠，在阳光的照耀下熠熠生辉，它就是被评为"中国十大建筑"之一的国家大剧院。

国家大剧院是一项国家级大型文化工程，从第一次立项到正式营运，整整经历了49年。早在1958年，国家大剧院作为国庆十周年十大建筑之一，获得中央批准立项，周恩来总理亲自抓，并由清华大学完成了设计方案，大剧院选址就在人民大会堂的西侧。后来由于经济条件的限制，国家大剧院的建设一直未能实施。

改革开放后，国家大剧院的建设被提上日程。1988年工程经过国际招标，有10个国家40多个设计单位提交了69个设计方案。经过两轮竞争，3次修改，最后，法国建筑师保罗·安德鲁的设计方案为中标方案。这个方案是一座造型新奇前卫、

国家大剧院

构思独特、精巧浪漫的建筑，建成后宛如"一滴晶莹的水珠"，受到业内外人士的赞同。但这个方案也颇受争议，在经过4年争论后，于2001年12月13日开工建设。

国家大剧院总占地面积11.89万平方米，总建筑面积约16.5万平方米，其中主体建筑10.5万平方米，地下附属设施6万平方米。主体建筑外部为钢结构呈半椭球形的壳体，东西长轴212米，南北短轴144米，建筑物高度为46.68米，比人民大会堂低3.32米。地下的高度有10层楼高，其60%的建筑在地下。内部有4个剧场，中间为2416个坐席的歌剧院、东侧为2017个坐席的音乐厅、西侧为1040个坐席的戏剧场，南门西侧是小剧场，四个剧场既完全独立又可通过空中走廊相互连通。另外还有5个排练厅、90个化妆间、90部电梯、3631个门、196个卫生间，全世界没有哪一个艺术场所有这样的

规模。

这是一个超现代的建筑，是真正意义上的 21 世纪工程。特别是国家大剧院吊装"壳体"，没有一根柱子支撑，如何"托壳"而出，让"水上明珠"升起？这是一个世界级的施工难题。那么，建设者采用了怎样的破解之道呢？

第一招是"空中钓鱼"。由于在 3.5 万平方米壳体内，歌剧院、音乐厅、戏剧院三组巨大建筑以及地下深达四层的辅助设施济济一堂，不得不在壳体外围进行远距离高空作业。为此，上海建工集团斥巨资从德国进口了 600 吨巨型履带吊车。这一自重 1500 吨的"洋力士"，由 34 辆车拆零装运 8 天 8 夜赶到北京。在吊装单个重量 38 吨的顶环梁构件时，身材修长的强力吊车如老鹰抓小鸡般，轻松平稳地将构件送上 45 米高的穹顶安装。

第二招"切西瓜"，则将难题迎刃而解。成千上万构件组成的大型壳体与横平竖直的一般工程测量不同，由无数曲面组成的超级椭球体控制点多，大型构件分段对接的最大偏差必须控制在 2 毫米以内，吊装精度要求近乎苛刻，在钢结构建筑史上闻所未闻。上海建工集团自行设计了一套全新测量校正

大剧院内景

方案，按空间壳体特点分解成 1 个水平平面和 148 个竖直平面控制点，结合原大地测量控制网，甚至连阳光折射温度变化造成的误差都计算在内。

最令人惊奇的是，如此高、大、重的曲面壳体竟无一根柱子支撑，全靠弧形钢梁承重，安装时如何下手？哪怕施工时能暂时起用临时支撑件，但因中间最大荷载可达 1600 吨，而承载 100 吨的顶梁柱就必须把柱基打到地下 20 米。为了化解这强大的压力，采用外圈、内圈、中心圈三道螺栓球节点网架式支撑体系，按"先中心、后辐射、均衡对称"的安装流程作业，可使最大荷载降到 15 吨，单个支撑构件仅承受几千克而已。吊装完毕后，又采用独特的结构协调变形均衡卸载控制技术，确保 6750 吨的巨型壳体转换到永久性结构荷载状态。

国家大剧院 3.5 万平方米的壳体屋面，由 18 000 多块钛金属板，1200 多块超白玻璃巧妙拼接而成。椭球壳体外环绕人工湖，面积达 3.55 万平方米，各种通道和入口都设在水平面下。观众从一条 80 米长的地下通道进入演出大厅，犹如进入一个梦幻世界。

空中对接的央视新大楼

中央电视台新址办公大楼，可谓造型奇特，与众不同，独树一帜。它的设计方案一公布，人们简直不敢相信建筑还可以这么做。通常情况下，摩天大楼都是高耸入云，直指蓝天。而这座大楼却是由两座倾斜的塔楼作为支柱，在悬空约 180 米处分别向外横挑数十米，在"空中对接"，连为一体，形成"侧面 S 正面 O"的特异造型。

从建筑外表上看，大楼总体形成一个闭合的环。这是一种向传统建筑挑战的结构形式，也是一个"极其疯狂的设计方案"，在建筑界还没有先例，更没有现成的施工规范可循。但它的建造却反映了一种敢于创新的精神，代表了北京的活力，也表达了中国大国的雄心。

这座大楼由德国人奥雷·舍人和荷兰人雷姆·库哈斯带领的荷兰大都会建筑事务所设计，由世界著名建筑设计师雷姆·库哈斯担任主建筑师。

其中主楼高 234 米，地上 52 层，地下 4 层，设 10 层裙楼，建筑面积 47 万平方米。这座大楼外形前卫、造型别致、结构新颖、高新技术含量大，在国内外均属"高、难、精、尖"的特大型项目。

2004 年 9 月 21 日，中央电视台新址大楼开工建设，2012 年 5 月 16 日，央视主楼竣工验收仪式举行，施工期长达 8 年，是国内最大的钢结构单体建筑。2008 年初，美国《时代》周刊评选出 2007 年世界十大建筑奇迹，央视新大楼名列其中，称当这座梯形结构完工时，它将成为世界上设计最激进的建筑物。

特殊结构的央视新大楼

央视新大楼是一座"好看难建"的大楼，因为它设计过于复杂，全楼先天性倾覆力巨大，抗冲击破坏力差。它的结构是由许多个不规则的菱形渔网状金属脚手架构成的。这些脚手架构成的菱形看似大小不一，没有规律，但实际上却是经过精密计算的。作为大楼主体架构，这些钢网格暴露在建筑最外面，而不是像大多数建筑那样深藏其中。

由于大楼的不规则设计造成楼体各部分的受力有很大差异，这些菱形块就成为了调节受力的工具。受力大的部位，将用较多的网纹构成很多小块菱形以分解受力；受力小的部位就刚好相反，用较少的网纹构成大块的菱形。

塔楼连接部分的结构借鉴了桥梁建筑技术，不同的是，如果把那部分看做"桥"，它将是一座大得出奇、非常笨重的桥。这个桥的某些部分有整整11层楼高，桥上还包括一段伸出75米的悬臂，前端没有任何支撑，这在建筑力学上确实是一个挑战。

央视新大楼的外面全由大面积玻璃窗与菱形钢网格结合而成，采用的玻璃为特种玻璃，其表面被烧制成灰色瓷釉，能更有效遮蔽日晒，适应北京的空气质量环境。

这座超高建筑施工难度也相当大，因为它不垂直、不规则，钢结构也极其复杂，施工特别难，尤其是在半空中连接两座塔楼的部分，必须在太阳出来前施工，因为阳光会让塔楼不同部位的钢结构膨胀，而不

央视新大楼外景

利于控制施工质量，这样建设者只能在有效时间内抓紧施工。

央视新大楼在经历了埋怨、误解、质疑的艰难过程之后，最后以全新的面貌展示在世人面前。2013年11月7日，世界高层都市建筑学会"高层建筑奖"评选在美国芝加哥揭晓。中央电视台新址大楼在60余个入围项目中脱颖而出，获得最高奖："全球最佳高层建筑奖"。世界高层建筑学会执行总裁称：央视新址主楼不仅是一座高楼，它改变了整个建筑类型学的理念，很好地诠释了创新。

对于央视大楼的获奖，评委会指出，"央视大楼从痴迷于高度竞赛、自成一统的过往的摩天大楼模式中杀将出来，形成现代的追求雕塑感和空间感、成为城市天际线一部分的高层建筑。其令人惊叹的形式强大而又充满张力，仿佛几股力量朝各方拉伸，预示着大楼所容纳的多元功能，以及这个国家在世界舞台上的角色。"

独树高标的人民日报报刊业务楼

在众多的摩天大楼里，这是一座独树高标、新颖奇特、形态超群的大楼。它高耸、圆润、挺拔，犹如一株破土而出的春笋，直冲天际，充满了希望和活力。这就是北京乃至全国的地标性建筑——人民日报社报刊综合业务楼。

这座大楼又称人民日报社新办公楼，位于北京市朝阳区金台西路 2 号，与新落成的中央电视台新址大楼遥相呼应。它由国际会议中心、图书馆、报业大厦等一系列建筑所组成，塔楼的高度为 180 米，办公楼层加上顶部机房共 33 层，一层高 9 米，其他楼层高 4.5 米，建筑面积 137883 平方米。工程从 2010 年 11 月 30 日开工，于 2014 年 5 月 12 日竣工，历时三年多。它的设计者是东南大学建筑学院教授、国家一级注册建筑师周琦。

人民日报社报刊综合业务楼，是中国国内第一幢全面采用屈曲约束支撑为主要抗侧力构件的高层钢结构建筑，主体结构具有平面、竖向不规则、

人民日报新大楼

主要构件形态复杂等特性。该大楼彻底摆脱了以往高层建筑横平竖直、中规中矩、四平八稳的模式，而是由一个圆形通过不断拉升而成。大楼由圆形的高层和方形的辅楼构成"天圆地方"的建筑理念，从三个"角"上以外凸浑圆的巨大钢柱沿弧线直接交汇到楼顶，从空中俯瞰，形成一个三角形的"人"字，与人民日报的主题关联。由于圆具有向心作用，这样圆形的楼就处于重要的统领地位，易于形成视觉和心理上的中心感。

该大楼的设计以"人文"与"和谐"为主题，凭借象征的手法，充满动感的形式，表达出建筑的标志性与现代感，同时通过对北京城市的历史环境和中国传统文化的提炼与吸收，最终利用现代建筑的语言来体现鲜明的时代特色和深厚的文化内涵。

此外，它以独特的建筑造型理性表达结构的受力逻辑，外部结构以稳定的三角形进行布局，并在其中寻求视觉上的动态感，利用曲线营造奔腾

的动势反映出发展与进步的观念。它展现给人们的是一个向上的、积极的、有动感的、朝向未来的、与时俱进的建筑作品。

人民日报新大楼的装修颇为讲究，大楼南北两面是大面积的凹形玻璃幕墙，开始有人担心玻璃幕墙会聚焦光线，对周边建筑造成光污染，实际并非如此。通常单一曲面会聚焦，但两个玻璃幕墙都是双曲面时，凹凸结合，每个点的光都是向外扩散的。这在设计的时候就考虑到了，通过模拟了几百个角度，来调细微的变化，特别是调整曲率，最终形成现在这个形状。160 米×80 米的玻璃幕墙建好后，通过从周边的超高楼上实际观察，从早到晚，找不到一个点是聚焦到哪栋楼的，也没有任何炫光，可见这个设计是科学的，也是成功的。

大楼的外部饰面也很特别，有两层表皮，先是金黄色表皮为建筑外体的内层，由铝合金和岩棉构成，起保温和防雨的作用。既然是内表层，为何选择金色？这是考虑到京城众多的传统古典建筑，都采用金色的屋顶，例如故宫、天安门，金色是首都北京的主体色，也能体现一个城市的历史

沿革。从文化传统来说，金黄色在中国人中很受欢迎，是富贵的象征，但这种金色也不能太露、太张扬。所以在这层表皮的外面，还有一层用 7 厘

两楼相对而立，精彩亮相

米直径的银白色陶棍做成的外表皮。金色的保温板藏在陶棍底下，在阳光照射下若隐若现。晚上灯光打在金板上，光线透出来，灯光经由这两层表皮的折射，有一种晶莹剔透，类似于"灯笼"的效果。

人民日报新大楼拔地而起，高高耸立，以流线型突出向上的动势，在基于完美的几何图形上塑造出特色鲜明的视觉效果。如果说邻近的央视大楼是一个画圆的"规"，那么人民日报新大楼就是一支书写的"笔"。两座大楼遥遥相对，巍然而立，反映了中国两大主流媒体的实力和地位。这雄伟、壮观、时尚、美丽的巨笔，将书写出伟大时代的崭新篇章。

美轮美奂的上海中国馆

上海世博会，是继北京奥运会后中国举办的又一个国际盛会，它吸引了世界的目光，共有240多个国家和国际组织参展，展馆有154个。中国馆以一个"中国红"斗拱横空出世，融合了中国古代营造法则和现代设计理念，展现了中国建筑的艺术之美、力度之美、传统之美和现代之美。

中国馆坐落在浦东园区主入口的突出位置，位于南北、东西轴线交汇的视觉中心，总建筑面积达16万平方米。中国馆居中突起，形如冠盖，层叠出挑，制似斗拱，将中国传统艺术构件用现代技术发挥到了极致，使建筑形成"如鸟斯革，如翚斯飞"的态势，构造出中国馆建筑的特殊形式，对中国文化作了最好表达。

中国馆总设计师何镜堂院士认为："中国文化源远流长，很难用一个具象来表达文化的精髓，因此必须从总体意象中提炼。"为了选择一个合理的造型，他们从中国的绘画到雕刻，从出土文物到江南园林，从象形文字到京剧脸谱，每一个文化符号似乎都是中国文化的一部分，但每一个符号似乎又都不能达到心中理想的境界。经过百般琢磨，中国传统建筑中的斗拱对建筑设计师启发很大，于是决定从其入手，终获成功。

在建造过程中，中国馆对传统元素进行了开创性变革，将传统的曲线

华丽壮观的上海中国馆

拉直，层层出挑，最短处就伸出了45米，最斜处伸长达49米，使主体造型显示出现代工程技术的力度美和结构美。中国馆的建造既吸取传统文化营养，又开拓创新，使其造型雄浑有力，宛若华冠高耸，具有现代意识，符合当代国际上的高层审美趋向。

巍峨壮观的中国馆绝对高度63米，下面有四根巨柱，将整个建筑架空升起，呈现出挺拔奔放的气势，同

时又使这个庞大建筑摆脱了压抑感。这四根巨柱都是18.6米×18.6米，将上部展厅托起，形成21米净高的巨构空间，给人一种"振奋"的视觉效果，而挑出前倾的斗拱又能传达出一种"力量"的感觉。

通过巨柱与斗拱的巧妙结合，将力合理分布，使整座建筑稳妥、大气、壮观，极富中国气派。同时向前倾斜的倒梯形结构，是现代建筑向力学的又一挑战。将传统建筑构件科学地运用，是中国人的又一创举，它向世界传达了一个大国崛起的概念。

中国馆内部展厅

中国馆的造型具有标志性、地域性和唯一性的特征，它的外表是什么颜色，这又是人们关注的问题。设计者想到了"中国红"，一种代表喜悦和鼓舞的颜色，一种大气、稳重、经典的颜色。为了产生最好的视觉效果，于是，就决定中国馆外表从上到下，由深到浅四种红色的渐变，上面重一点，下面轻一点，使整个建筑呈现出一种层次感和空间感。中国馆披上了"中国红"，传达出喜庆、吉祥、欢乐、和谐的情感，展示着"热情、奋进、团结"的民族品格。

中国馆的建造处处透露出环保和节能的信息。外墙材料使用无放射、无污染的绿色产品；所有管线和地铁通风口都巧妙地隐藏在建筑体内；顶层景观台使用最先进的太阳能板，储藏阳光并转化为电能，可实现馆内照明全部自给；同时还有雨水收集处理系统，雨水通过净化后用于冲洗卫生间和车辆。

雄伟高耸的上海世博会中国馆，用既传统又时尚的建筑语言，诠释着中国特有的建筑美学，体现着厚重的中国文化，表达着亿万中国人的开放情怀，展现出城市发展的中华智慧。

世博会后，中国馆被永久保留下来，现已华丽转身，变为展示艺术的圣殿——中华艺术宫。展馆以展出近现代艺术为特色，常年展览络绎不绝，成为一个综合性艺术博物馆。

让人惊艳的日出东方酒店

远望青山，近临湖水，绿树环绕，层峦叠嶂。在北京怀柔水天一色的雁栖湖畔，一座97米高的椭圆形建筑拔地而起，镶嵌于东南岸。在水天澄澈如玉的分界线上，以银色圆盘造型表达人与自然和谐相处理念的日出东方酒店，通过独特的玻璃幕墙透光设计，营造出"太阳从湖面冉冉升起"的美妙幻境，让人惊艳、震撼。

这是北京的一座新标志性建筑，由来自上海华都建筑设计公司的张海翱率领设计团队，用60天时间设计而成。整个复合体建筑占地47678平方米，高97米，一共有21层。由于特殊的

与自然融为一体的东方日出酒店

形体设计，使得建筑的最上面部分能够反射天空的颜色，中部可以映射燕山山脉，底部则能折射湖水。天、山、水投映于建筑身上，形成流动的影像，美艳绝伦。

从侧面看"日出东方"，好像是一个"扇贝"的形状，扇贝在中国文化里代表了"财富"，配合酒店建筑正面的圆形"旭日东升"的寓意，彰显着中国经济和国力的蓬勃发展。酒店的主入口呈鱼嘴形状，中国传统文化中鱼嘴同样寓意财富。而其他一些中国文化元素也运用在了整个酒店建筑设计的细节里，例如，球体下方裙楼的侧面就运用了中国古代房屋"窗格"这样一个概念，而裙楼本身的形状则像"祥云"，呼应上方的球体，代表了中国文化中"彩云追日"的浪漫美好寓意。

在古代的中国，人们对太阳有着无比的敬畏，而中国古代哲学中则讲究"天人合一"的思想，"圆"在中国文化中代表了万物最核心的价值。由于设计时考虑到了主体建筑和整个外在环境之间的联系，同时希望它为客人们带来生动的视觉感受。因此，客人从岛上放眼望去，整个日出东方酒店可呈现一幅非常美妙的关于"日出"和"日落"的画卷。

站在日出东方酒店的大门前抬头仰望，这座巨型的玻璃体结构建筑充满了灵秀之美。整座建筑一共应用了20余项世界先进的科技环保技术，被

业界誉为是一座"会呼吸"的科技酒店。整个玻璃外墙使用了1万多块玻璃，面积达1.8万平方米。这些玻璃并非普通材质，而是环保节能的LOW－E玻璃，玻璃外墙

如彩云追日的酒店外景

不仅保温节能效果好，还能满足建筑轻盈通透的外形要求。酒店在国内也是唯一一座全部使用四层LOW－E玻璃的建筑。所以，相比一般的水泥墙面有着更好的降低能源消耗的作用，同时也会降低酒店的运营成本。此外，通过多次测试和对玻璃进行特殊的贴膜处理，全部玻璃外墙不会对这个区域带来光污染。

日出东方酒店构建特别，它究竟有着怎样的建筑"秘密"？满天的朝霞和从燕山山脉冉冉升起的旭日，点燃了设计师们创意的激情，于是这个名为"日出东方"的酒店便应运而生。设计师和建设者们用充满想象力的设计与高超精湛的技术，创造了建筑史上的一个奇迹。这个工程最大的特点是工期短、施工难度大，由于建筑平面和立面均呈椭圆形，只有南北正立面呈圆形，它既不同于规则建筑，也不同于扭曲形建筑，而是一种独特的双曲形建筑，曾被评为2012年北京市最

难建筑物。

整个建筑各种不同类型的环保领先科技在其中都得到充分运用。日出东方酒店是中国第一家采用三联供设备的酒店。"三联供设备"就是运用天然气供应能源对酒店供热、制冷和发电，以此降低酒店的能耗。

利用光伏发电是这栋建筑的又一特色，在整个酒店的裙楼露台、屋顶、外墙和天窗部分都运用了太阳能集成技术，利用靠近酒店的雁栖湖水库设置太阳能光伏板，这是日出东方酒店在节省电力能源方面的另一项环保设计举措。

整座酒店的设计风格非常简约大方。酒店客房的设计简洁现代，墙纸轻柔的蓝色调烘托出整个房间轻松柔和的氛围，衬托出酒店身处于度假胜地的浪漫气质。

雁栖湖畔，碧水荡漾、波光潋滟，美丽的日出东酒店身影倒映在湖中。2014年深秋，亚太经合组织（APEC）会议在此举行，"清晨日出光耀奇景，夜色斑斓明月亲水"，这座充满诗情画意的建筑，不仅引起国人的关注，而且向世界展示出中国的风采。

曲线优美的玛丽莲·梦露大厦

玛丽莲·梦露是上世纪世界上最著名的性感明星，被称为好莱坞经典女神，她惊人的完美腰臀比和持久不变的曼妙身姿，浑身上下洋溢着青春和美，成为影迷心中永远的性感女神、性感符号和流行文化的代表性人物。

位于加拿大密西沙加市的一栋56层的高级公寓楼，其外形奇特，恰似人体的曲线，极具性感，梦幻优美，看起来简直可以与玛丽莲·梦露婀娜的姿态媲美，被称为玛丽莲·梦露大厦。2005年底，密西沙加市的两家开发商决定举办当地40年来的首次公开国际建筑设计竞赛，为规划中的一栋50层高的地标性公寓楼寻找一个创新的设计，建设一栋具有时代意义的超高层建筑，从而树立城市新形象。2006年1月，由中国建筑师马岩松带领的北京MAD建筑事务所也参与其中。竞赛收到来自世界70个国家的92份提案。结果是由马岩松领衔的北京MAD建筑师事务所的方案，击败了其他91个设计方案，最终中标。

马岩松的概念设计方案图在市政厅展出时，加拿大及多伦多地区的各主要新闻媒体表示出了极大的关注，因为这个方案中有着夸张的流线造型。

独具魅力的梦露大厦

当时这座大厦并不叫玛丽莲·梦露大厦，而是当地一家著名媒体的评论家这么叫起来的。他们认为，这座大厦看起来可以与玛丽莲·梦露婀娜的姿态媲美。而建筑作为一种大众艺术品，不是要刻意造型，而是要真实地反映人性、自然，给人无限的想象空间，引发人们丰富的心理活动。

2006年3月28日，密西沙加市市长亲自宣布获胜者为北京MAD事务所，当地市民和媒体对设计者的关注如同摇滚明星，而这位明星就是刚刚三十岁的中国建筑师马岩松。密西沙加市市长还亲自给马岩松写信，感谢他为城市设计了一个非常好的建筑。

当地媒体说，"马岩松团队的设计在外观上非常醒目，这座建筑将成为国际性的标志建筑"。

性感的曲线塔楼，被当地人们亲切地称为梦露大厦。最开始甲方只打算修一栋，但是塔楼亮相后很快被预售一光，因此 MAD 事务所接受委托在最初的那栋旁边又设计了一栋。这一栋同样性感简练，但却有着自己的旋转幅度和独一无二的魅力体形。双塔分别高 179.5 米和 161 米，楼层分别是 56 层和 50 层，它们自然婀娜多姿的身段点燃了城市的激情，并成为城市中不可替代的重要标志。其层层叠叠旋转巧妙错开的曼妙姿态在任何角度都是不同的、变化的、迷人的。建筑的每层都有连续的阳台，让用户享受宽广的城市风景。

两座塔楼确实时尚、新颖、别致，从上到下洋溢着美的韵律，整座楼体多像人的身姿，臀部突出，腰部收缩，再往下又滑落成人的腿部，曲线流畅，过渡自然，打破了过去高层建筑惯用的垂直线条，没有一点生硬感。它就是一座没有任何设计缺陷的自由体，丝毫没有体现出一种简单的垂直高度和超高层的感觉。整个建筑在不同高度进行着不同角度的逆转，来应对不同高度的景观文脉。特别是

连续的阳台环绕整栋建筑，每个住户都能拥有与众不同的通畅空间，可以看到窗外不同的风景。通过这样的设计，可以唤醒大城市里的人对自然的憧憬，感受到阳光和风对人们生活的影响。

梦露大厦位于密西沙加市最重要街道的交汇处，它的重要性和标志性使这片区域成为这个低密度近郊城市的中心。它反映出城市地域的独特性，让建筑升华为像诗一样的视觉感受，需要想象力和挑战的观念。梦露大厦正是适应了这一需求，它合乎自然的生活方式，让人们生活得更开放，更自由。

建成后的梦露大厦具有极高的知名度，2012 年 6 月，被高层建筑与人居环境委员会评选为美洲地区高层建

建筑与明星的曼妙身姿

筑最高奖。接着，梦露大厦在全球各地超过 300 栋的摩天大楼中脱颖而出，赢得了 2012 年最佳摩天大楼的称号。

美丽飘逸的古根海姆博物馆

太美了，太美了！当你置身于西班牙毕尔巴鄂市内维隆河畔，欣赏这座美丽飘逸的建筑物时，简直就像在欣赏一件艺术品。这个被称为20世纪人类建筑的伟大奇迹，世界上最有意义、最美丽的博物馆，就是西班牙古根海姆博物馆。

该博物馆1991年开始设计，1997年建成启用，它以奇美的造型、特异的结构和崭新的材料，刚一落成便博得举世瞩目。在20世纪90年代，人类建筑灿若星河的创造中，古根海姆博物馆无疑属于最超前和时尚的，它与悉尼歌剧院一样，都属于未来的建筑提前降临人世，属于不是用凡间语言写就的城市诗篇。它的设计者是美国建筑大师弗兰克·盖里，这个最善于运用艺术的抽象概念，以创造大胆前卫作品而著名的建筑师，其反叛性的设计风格不仅颠覆了几乎全部经典建筑美学原则，也横扫现代建筑。他创造的古根海姆博物馆，又是一个石破天惊、风格独特的作品，在建筑形式上开启了一个新的篇章。

毕尔巴鄂古根海姆博物馆建筑总面积2.4万平方米，陈列的空间则有1.1万平方米，分成19个展示厅，其中一间还是全世界最大的艺廊，面积达3900平方米。整个博物馆结构体是由建筑师借助一套为空气动力学使用的电脑软件（从法国军用飞机制造商达

古根海姆博物馆外景

索公司引进）设计而成的。博物馆在建材方面使用玻璃、钢材和石灰岩，部分表面还包覆钛金属，与该市长久以来的造船业传统相呼应。

毕尔巴鄂以海港、铁矿闻名，两者分别在大航海时代和工业革命时期为这个城市带来动能与活力。可到了20世纪中后期，这座城市渐渐失去了魅力，优势也无从谈起。1991年，毕

尔巴鄂市政府与古根海姆基金会共同做出了一项对城市未来发展影响极为深远的决定:邀请美国建筑大师弗兰克·盖里,为该市即将兴建的古根海姆博物馆进行建筑设计。

古根海姆博物馆的横空出世,让毕尔巴鄂重获新生。凡是到过古根海姆博物馆的人,都会被这座建筑所带来的强大视觉冲击所征服。有人说它来自未来,也有人说建筑师盖里构造的曲线给这座城市带来了希望和生机。因为,个性的建筑只属于这座个性的城市。

从内维隆河北岸眺望城市,该博物馆最醒目的是第一层滨水景观。面对如此重要而富于挑战性的地段,盖里给出了一个迄今为止建筑史上最大胆的解答:整个建筑由一群外覆钛合金板的不规则双曲面体量组合而成,其形式与人类建筑的既往实践均无关涉,超离任何习惯的建筑经验之外。

曲面起伏的博物馆中厅

宁静的水波、妩媚的曲线,为这座披着金属外衣的建筑平添了温柔气息。你看那三层展厅,以横向波动的曲线徐徐延伸,犹如飘动的长裙,与河水的水平流动形成动感十足的对比关系。在盖里魔术般的指挥下,建筑,这一已经凝固了数千年的音乐又重新流动起来,奏出了令人为之震惊的声响。

盖里对光线的处理也是非常独到的。由于北向逆光的原因,建筑的主立面终日将处于阴影中,盖里聪明地将建筑外观处理成裹着钛合金板、向各个方向弯曲的双曲面。这样,随着日光入射角的变化,建筑的各个表面都会产生不断变动的光影效果,避免了大尺度建筑在北向的沉闷感。优美、层叠、缠绕的建筑曲线,好似身旁内维隆河的水波,在阳光的照耀下熠熠闪光,妙趣天成,给人以无限的遐思和联想。

博物馆的室内设计也极为精彩,尤其是入口处的中庭设计,被盖里称为"将帽子扔向空中的一声欢呼"。它创造出以往任何高直空间都不具备的、打破简单几何秩序性的强悍冲击力。曲面层叠起伏、奔涌向上,光影倾泻而下,直透人心,使人目不暇接,心潮激荡,感慨万千。

毕尔巴鄂人创造了一座富有西班牙精神的伟大建筑,古根海姆博物馆不仅暗合了西班牙文化的、既激扬又沉静的诗意,而且倾倒了全世界的万千民众。一座建筑的成功,让一个默默无闻的西班牙小港城市闻名世界,而它也迅速成为欧洲最负盛名的建筑圣地与艺术殿堂。

充满希望的未来建筑

畅想未来建筑的模样

未来是一个充满希望的字眼，未来建筑更是让人憧憬。随着时代的进步和科学技术的发展，未来建筑将以绿色、环保、节能为主题，以数字化、智能化、生态化为发展方向，以人的舒服、健康、方便为目的。今天我们认为现代先进、引以为傲的建筑也许不多久就会过时，会被取代，建筑还将上天、入地、下海，向更广阔的领域进军。

那么，未来的建筑到底是什么样？科学家们已做出了"未来主义"的建筑规划，由此可以看出未来建筑的走向。在未来的建筑设计中，设计师们对世界顶级建筑重新进行定义，融入了高科技，还将人类对太空的想象付诸实践。在一份以印度加尔各答为背景的"大气层大厦"设计中，耸入云霄的高楼有如宇宙空间站般壮观。餐饮、工作、娱乐应有尽有，内部的80套住房宽敞舒适。外部的特殊反光板还可为建筑其他区域提供光源，室内的高尔夫球场也兼任整个建筑的"绿肺"功能。这幢大楼有着80个适合"几

高耸云霄的大气层大厦

代同堂家庭生活"的大公寓，露台十分宽敞，每个家庭都有足够大的室外空间。

为了更好地适应大城市人口迅猛增长的需要，减少城市区域的拥挤，未来城市建筑的总体趋势是建设垂直型建筑。英国一家建筑设计公司计划在伦敦建立一座"垂直城市"，这栋建筑可以容纳数千居民，同时拥有学校、购物商场、公园等配套设施。这座"垂直城市"取名"无尽城"，实际上这是一种塔式摩天楼。它拥有完善的生态系统，包括居民区、娱乐区、学校、办公区、购物商场、公园等配套设施。大楼的不同区域将通过一系列的桥梁和通道相互连接，帮助增加交流、沟通以及互动。"无尽城"还只处于设计阶段，但已经在伦敦附近选址，只是现在还不确定其是否能进入施工阶段。"无尽城"将在人口密集的城市节省大量空间。"无尽城"到底能建多高，初步估

计可能达到 300 米。该建筑的形状将能在最大程度上利用被动能源，减少人造照明、制冷以及供暖需求。各楼层都将有广场和公共场所。

"天空之城"是俄罗斯建筑师维克托·基里洛夫设计的一座"垂直城市"。实际上这是一座超级人厦，但每一层都是一个拥有学校、公园、购物中心和休闲场所的小城市。据设计者介绍，虽然每一层的生活设施应有尽有，但居民

300 米高的垂直城市

们还是可以通过专门设计的高速交通工具来往于各层之间。他指出，城市的水平扩张很难维持长久，"垂直发展"则是完全可行的方式，但前提是人类的技术发展要达到足够的程度。

"空中大地"是又一种摩天大楼的式样，它是由一些被高塔托起的巨型空中平台组成的。这些巨大的平台上建有公园、游泳池、影剧院等几乎所有的地面城市具备的公共设施。"空中大地"的居民们就像生活在一棵棵拔地而起的巨树之上。当然，这些"树"上拥有世界上最先进的生活设施和最舒服的公寓。

与"空中大地"相比，另一种悬挂式建筑也很特别。这是建筑师从大树的结构原理得到的启示。大树之所以不怕狂风暴雨和地震的威胁，主要是它具有坚定在泥土中的庞大根系，坚固的树干和披挂于树条上的树叶。于是建筑师设想，把房子的垂直结构建筑成坚固的"树干"，并同时使它深深地"扎根"于土壤和岩石之中。楼梯、电梯等安装在"树干"内，作为上下通道。在树干上安装很多根挑梁，像树枝那样伸展开来。一只只用轻质材料冲压而成的房间，像树叶那样悬挂于挑梁上，这样，新型的悬挂建筑就诞生了。

未来的建筑确实充满魅力，新的建筑将改变人们的生活，智能化建筑将成为新宠。清早起床，看一下窗外对面建筑的颜色，就可知道当天温度的高低，告诉你该穿什么衣服。人们住在自动散发着香气的房屋里，心情格外舒畅，精神振作，饮食可得到调节，一些慢性病也会消失。住在会说话的房屋里，建筑将告诉你什么时间该做什么事情。还可陪老人说话、提醒主人打电话给亲友等。这些都可能在未来实现。

无污染的太阳能建筑

太阳能是取之不尽、用之不竭的绿色清洁能源。各种不同类型的新型建筑,通过精妙的总体设计,结合自然采光、太阳能利用等高新技术,充分展示了诱人的魅力和广阔的发展前景,它将在未来建筑中发挥不可估量的作用。

太阳能是未来人类最适合、最安全、最理想的替代能源。目前太阳能利用转化率约为 $10\% \sim 12\%$,太阳能的开发利用潜力十分巨大。在欧洲的能源消费中,约有 1/2 用于建筑的建设和运行,而交通运输耗能只占能源消费的 1/4。在美国房屋所耗能源超过了交通业和产业界,房屋消耗能源占到总供应的 1/3。因此,建筑物利用太阳能已成为各发达国家极力倡导的事业,太阳能利用设施与建筑的结合,自然是人们所关注的问题并寻求突破。

为了实施各自的"阳光计划",世界各国竞相推出"绿色建筑"。德国是世界上研究和利用太阳能最好的国家之一。他们打破常规,大胆创新,在建筑节能上的大手笔是建造太阳能住宅,一座座能量自给的新型住宅相继出现。不仅单体住宅,即一家一片的小型楼房或别墅,都可以使用太阳能供暖和保证热水的供应,而且集体住宅或多户型的公寓,也可使用太阳能。

德国建筑学家制造成功了一种"向日葵屋",这种由四个复式公寓组成的房子,建材均为木构,阳台遮帘覆盖了薄膜太阳能电池,并能随着阳光变化而转动,取得最佳转换效率。窗帘则能吸附光热,当屋里温度下降时自动散热,起到空调的作用。另外,还有一种"向日葵"式旋转房屋,房内装有如同雷达一样的红外线跟踪器,只要天一亮,房内的马达就会启动,使整座房屋迎着太阳缓缓转动始终与太阳保持最佳角度,使阳光最大限度地照进屋内。同时,顶部排列了巨大的太阳能电池阵列,始终对着太阳的方向收集能源,可以产生比日常用电量多五倍的太阳能电量。夜幕降临,房屋又在不知不觉中慢慢复位。这种房屋能充分利用太阳能驱动房屋运动,保证房内的日常供应和用电,设计构思十分巧妙。

英国威尔士大学建造了全球第一个智能低碳太阳房。它是由特殊创新和知识中心遵循"建筑发电站"的概念所创建的。在缺电时从输电网进口电力,在电力充足时从输电口输出电力。用于太阳房建设的材料是低碳水泥。为了减少对能源的需求,太阳房设计了高水平的保温结构、结构绝缘板、外部绝缘和低辐射状双层玻璃的木构架门窗。这种房子使用了渗透型的太阳能收集器,这些包括房子外观的有孔结构吸引空气进入空腔以便吸收阳光和温暖。

英国的曼彻斯特合作社保险公司大楼，是一座令人耳目一新的太阳能大厦，它拥有目前欧洲最大的垂直太阳板阵列。其外表面装载有 7000 余块太阳能板，成为欧洲最大的垂直太阳能建筑。

在美国则以大力推广"零能耗住宅"为目标，通过改进建筑设计和材料，在技术上根据不同气候特点确定设计，利用太阳能供暖和降温，使房屋所需能源或电力达到 100％自产。这里包括通过外墙（如太阳能吸热壁）、窗户和建筑材料等，不需借助任何机械装置，直接利用太阳能进行房屋自己供暖、降温和照明，以减少房屋降温或供暖所需的能源消耗。

日本是开发太阳能建筑材料较早的国家之一，为了应对气候变暖和高油价，日本将采取新能源政策，其中之一是正式普及太阳能发电。他们曾研制出一种太阳能瓷砖，由于这种太阳能瓷砖不带釉层，用于建筑物墙面或屋面，能更有效地利用太阳能发电，其发电力特强，显著降低建筑物的电耗。

欧洲最大的垂直太阳能建筑

安有红外线跟踪的太阳能旋转房

随着科学技术的日新月异，科学家已经发明了一种"智能皮"，这种"智能皮"是包在铝框架外边的一层膜，就像包在帐篷支架上的尼龙布。利用这种薄而柔软的膜作底层，把照明、供暖、能量储存甚至信息显示屏等微元件都"印"在上面，就好像用墨水在纸上写字。"智能皮"可以在白天吸收周围热量并在晚上温度下降时释放热量。这种新技术，在未来将在建筑中广泛应用并发挥巨大作用。

省心省时的智能建筑

智能建筑，就是将人类智慧融入建筑之中，使其具有智慧和生命，让人们的生活更加舒适和便利。

智能建筑自动化程度高，它强调的是人的基本生活需求，追求自然、生态、和谐。它首先要求在建筑设计中注入"智能结构"系统，使智能技术运用于结构之中，使工程具有健康自诊断、环境自适应、损伤自修复等功能与生命特征，以此增强结构的安全性。通过建筑本身与"智能结构"内部设置装置的协同作用，预先发出警报，达到建筑抗震防灾的目的。

所谓"智能结构"，由三部分组成，即传感器，就像人体的"神经系统"，能及时感知和预报结构内部的隐患；执行器，相当于人体的"肌肉"，由形状记忆合金、压电器件等组成，能自动改变结构的形状；控制器，相当于人体的"大脑"，能迅速处理突发事件，自动调节和控制；使建筑处于安全状态。

超低能耗的智能示范楼

以上所述只是智能建筑的硬件部分，那么软件部分就表现在建筑的信息系统上。互联网技术的应用加速了信息系统的落实。手机和键盘将变成家庭的"指挥部"，通过这些设备，主人可以远程控制居室温度、警报系统、开门，也可以让洗衣机自动工作，或者关掉出门时忘记关的电脑。除此之外，做饭也变成一件"智能"的事。冰箱可以告诉我们食物的储存量有多少，有什么食材可以选择，我们只需要通过简单的键盘操作，就可以得到它为我们准备的食物。父母在家里可以在任何地方为孩子选择电视频道，挑选孩子喜欢的节目。如果你驾车在回家的路上，可通过手机让电饭煲煲上可口的汤、打开家中的供暖系统、让扫地机将家中的各个角落，无论是地毯还是床底、沙发底等卫生死角都清扫干净。

这些听起来像是科幻电影的道具

或是科学实验产品，实际上这是建筑师为我们设计的家。这样的房屋是建筑设计科技进步的一个典范，在不久的将来，这样的技术都将会普及。

目前，在智能建筑设计领域，部件的简约化、整体化和数字化是几大趋势。层出不穷的建筑装饰新产品，与其说是科技的成果不如说是设计的结晶。以自动百叶窗为例，这种产品几十年前就有了，现在要做的是将已有的产品设计得更加实用、便于控制。智能建筑设计就是要让生活中使用最频繁的东西变得更方便，让人更轻松。

除了在室内操作所有设备、部件之外，智能建筑的另一个先进之处是通过一台中央计算机同外部保持联络，这也是智能建筑的一大亮点。普通住宅内的设施只有人走进去屋内才能进行操作，而对于智能建筑来说，不管是人在什么地方，只要发出有效指令，都能通过互联网，用手机进行远距离掌控。

下面，让我们体验一下智能房屋的便捷。清晨你不用担心烦人的闹钟将你吵醒，自然光会让你惬意地苏醒。

越来越"聪明"的绿色智能建筑

房屋的百叶窗和遮阳罩同房间自带的气象系统相连接，能根据自然光线或预先设定的时间自动开启和关闭。电灯的开关也是自动控制，一旦光线变暗，它就会自动打开。窗外飘过一片云，只要它遮挡了光线，灯就会开启。

你外出上班，中午家中空无一人，但你不必为家中的安全担心，智能房屋的安保摄像装置在有人闯入或雨水飘落等情况发生时，将图像信息通过互联网和手机实时远程传送给你。如果你出远门在海滩度假，可通过安全摄像头看家，了解家庭的一举一动。

如果回到家中，你提前打开的热水器已将水烧好，微波炉和烤箱根据你的指令已设计好了菜单和食谱，到家后很快就可以吃到可口的饭菜。饭后，自动洗碗机可为你清洗餐具。如果厨房内留有烟气，智能油烟机可将其抽得一干二净。

智能舒适的生活，源于高科技在家居中的应用，它并不遥远，距我们会越来越近。

节地节能的地下建筑

在城市用地极为紧张的情况下，向地下寻求空间已成为下一个城市发展的目标。有科学家认为，"19 世纪是桥的世纪，20 世纪是高层建筑的世纪，而 21 世纪则是人类开发利用地下空间的世纪。"

的确如此，地下建筑正是未来城市发展的趋势。地下建筑有许多优势，它节约土地，节省能源，冬暖夏凉，舒适安全，同时还有防风、防尘、隔噪、宁静

墨西哥"摩地大楼"示意图

等特点，而且接触空气面少，隔热性好蓄热量大，能在严酷多变的外界气候条件下，保持相对稳定的室内小气候。地下建筑对于各种自然和人为灾害，都具有较强的防护能力，地下建筑受地震的破坏作用要比在地面上小得多，据科学测定，地下 30 米处的地震波加速度仅为地表处的 40%。所以，地下建筑非常适合于人居住。

地下建筑是未来城市的组成部分。人们按深度把地面以下的地层分为 5 层，地表层深 5 米，地浅层深 10 米，地中层深 30 米，地深层深 100 米，超深层深 100 米以下。在可以预见的未来，城市地下空间将是这样一种景象：在地表以下 10 米左右的范围内，主要是商业空间、文娱空间以及部分业务空间。在地表以下 10 米到 30 米左右的范围内，主要是交通空间、物流空间以及一部分储存空间。至于地表以下 30 米到 50 米的深层地下空间，则应留给采用新技术的、为城市服务的各种新系统和新空间。

从目前情况看，城市里建摩天大楼成为一种时尚，尽管占地少，但摩天大楼存在着不少弊端，楼层越高，其顶部摆动越大，使居住的人有恐惧之感；不利于防火，不利于防空。这并非说摩天大楼不好，而是有一种新式大楼能克服以上缺点，这就是"摩地大楼"。

墨西哥建筑师设计了一座深入地下 300 米，共 65 层，可居住数千人的"摩地大楼"。预计工程造价大约需要 5.5 亿欧元，耗时 5 年左右，将从联邦区广场的地下开始施工。

中心口的设计是为了保证所有楼

层的采光和通风，头 30 层将用于住宅、商场以及博物馆和文化中心，另外 35 层作为办公空间。目前还不能保证某一天能够建成，但这不失为一项有趣的设计。墨西哥城联邦区已经人满为患，市中心已经没有空地，大部分建筑都是历史遗迹，联邦和地方法律都禁止拆毁这些建筑。即便可以，根据城市化法，在墨西哥城的历史中心也禁止建造 8 层以上的高楼。因此新的建筑只有一个发展方向，那就是向地下发展。

他们设计的大楼是一个"倒金字塔"形的建筑，深入墨西哥城大约 300 米处，这一深度可以建造大约 65 层高的楼，中心部分留出来的大洞，面积达 5.78 万平方米，

加拿大蒙特利尔地下商城

"屋顶"覆盖玻璃，使阳光可以进入最底层。除了大胆的设计之外，这样的一幢写字楼或住宅将使地面历史遗迹的保护成为可能。"摩地大楼"使地震时的安全问题似乎也得到了解决，因为楔形设计将很好地承受来自侧面的压力。墨西哥人梦想着这一设计方案能够成为现实。同时渴望逃离喧嚣城市的人也能在生趣盎然的地下"摩天大楼"里，找到一片安静的世外桃源。

已建成的美国明尼苏达大学土木与矿物工程系的地下系馆，95% 在地下，并采用了多种节能措施，是一个典型的实例。他们经过实验，运用两套镜面反射装置，将自然光线传输到地下33.5米的过厅，收到了良好效果。

充分利用地下空间，将交通道路、火车站、商场、影院和部分住宅放入地下，早已变为现实。在欧洲的许多城市，如巴黎、斯图加特和慕尼黑，已将步行商业街建在地下并与地铁枢纽或火车站相连。迄今，加拿大蒙特利尔已建成世界上最大的地下城市。在 400 万平方米的面积上建造了 1700 家商店、200 家饭店、45 家银行、34 家影剧院、7 座旅馆、两座会议和展览大厅以及 1600 套住宅。地下人行通道总长 30 公里，有 10 个地铁站和两个高速铁路站。每天大约有 50 万行人通过，150 个入口进入这个地下城市。

167

顺应自然的海上建筑

由于全球变暖和海平面上升现象的出现，各种"极端"自然灾害时有发生，人类将何以应对？为此，各国科学家都在寻找出路。有的选择"入地"，在地球深处建造房屋；有的选择"上天"，向太空移民；而有的则提出"下海"，即建设海洋大厦和海上城市。

科学家预测，未来的世纪，将是海洋的世纪。随着对海底的开发和利用，人们将自由地出入海洋，甚至到海洋旅游、疗养和海底考古。

美国海洋学家曾研究建造一座水下城市，他们通过水下实验，先设计和制造了世界上最大的水下房屋——两个长21米、直径2.7米的浮筒，重达700多吨。其中一个为实验舱，另一个是生活舱。这项实验由5名潜水员参加，在距离海平面159米的深处进行。5名潜水员在海底生活了5天，然后跟水下实验室一起返回海面。这项实验的成功，表明人类能够在100米以下的海底生活。

美国设计的海上城市

海底住宅到底怎么建，他们设想先在水下建几个小区，人们可以乘坐密闭电梯直接抵达那里。由于这种建筑造价过于昂贵，他们将另辟蹊径。

现在，美国又打算建一座海上"浮动城市"，这实际上是一艘"超级邮轮"，船体高度110米，长达1.6公里，宽230米，高37层楼，相当于泰坦尼克号的13倍大。其中学校、医院、购物中心、公园等一应俱全。它上面有1.8万个居住套房，足够住下5万人，包括2万船员及3万游客。船的顶端是一个航空母舰上才会出现的大型机场跑道，可供多架直升机、甚至小型民航班机同时起飞降落。这个堪称一艘极尽奢华的海上"浮动城市"，拥有世界上最大的海上体育馆、一个可容纳上千人的圆形剧院，甚至还有一小型高尔夫球场，它就好像把10个街区切出来放在海面上一样。人们生活在海上，就像居住在陆地上一样方便惬意。

日本拟建的未来海上"漂浮城市"，

比美国的略小些，是一个巨型球状，在遭遇极端天气时还可潜入海底。这座巨球状城市直径约有 500 米，可容纳 5000 人，并可依托该城，在海床上进行科学研究。这种名为"海洋螺旋"的漂浮城市，可漂浮于海面之上，也可沿海内 15 公里长的巨大螺旋管下潜至海底 4 公里处。该螺旋建筑同时作为资源开发工厂，收集稀有金属和稀土资源。

这个以球型建造的"漂浮城市"，里面有旅馆、居民区以及商业区，球内人员和海底研究站的生活补给可通过水下对接设施以及更小球体运送。他们计划在 40 年内，将利用碳纳米管技术，建造高达 9.6 万公里长的通天电梯，届时人们来往将更为方便。

迪拜将建的海底酒店

海上的建筑有多种多样，除"漂浮城市"外，还有海上城堡。这是一片由漂浮别墅组成的小型社区，连成一片的建筑令整个社区更加安全。别墅有不倒翁一般的浮体底座，住在上面的居民不会因风浪而有太大的颠簸感。该社区有先进的集水和排水系统，可以收集降雨作为日常生活用水，更多的降雨则可及时排放到海洋中。

迪拜是一个善于创造建筑奇迹的城市，他们在建成世界上最高的哈利法塔后，还将征服海洋，建一个海底酒店，为人们制造下一个惊喜。这座拟建的水下酒店，主体由两个圆盘形建筑组成，一个圆盘位于水面上空，连接 4 个小圆盘，另一个圆盘位于水下 10 米。水上水下由三条"腿"连接，"腿"内是电梯和楼梯。水上水下圆盘建筑包括 21 间客房、一个水下潜水中心和一间酒吧，同时还有餐厅、游泳池、温泉疗养中心等。水上圆盘建筑距离水面有一定高度，能够经受海啸和洪水。至于水下圆盘建筑，一旦发生危险，会立即自动浮出水面。水下酒店采用的特殊灯光技术，可使客人透过窗户清晰地观看海洋动植物。

令人欣喜的是，马尔代夫在伦格里群岛已建成一座海底餐厅，并推出套房服务。套房位于印度洋水下 5 米，除脚下木地板外，其余三面是全透明玻璃。人们在此不仅可以品尝海鲜美食，还可以近距离、大角度欣赏海底风光。过去在科幻电影里看到的场景，如今变为了现实。

可在工厂建造的房子

说来会让人感到奇怪，房子一般都是在工地上修建，怎么能在工厂里建造？过去小朋友们搭积木建房子，那纯粹是游戏，而今建房子就这么简单，像搭积木一样就建成了。

随着科技的进步，欧美发达国家已采用了被称之为建筑史具有划时代意义的楼房建造工厂化技术，建筑工人将事先在工厂里加工好的建筑部件采用先进的施工技术进行组装、浇注、配套、装修——像搭积木一样，一幢设施完善的楼房就完成了。这种住房会使人变得轻松，因为它的墙壁和窗户都是密封的，风雨和灰尘进不去，几乎不用打扫。室内空气将通过过滤系统，把有害物质过滤掉。时间久了房子稍有毛病，检修系统会帮你解决问题。问题严重了制造厂可以拆下，像修电视机一样，为你维修或更换新的。

未来的门窗会是多层的，玻璃板之间充有惰性气体氩，增加绝缘性。墙体也可做成多层的，可阻挡冷风或热流的渗漏，阻挡水气和避免火灾。墙壁中可装有布置电线用的导管和传感器，解决火灾发生时带来的危险和盗贼闯入尽快发出警报。这样的房子，各种功能齐全，入住后会使人有安全和舒适感。

德国一家建筑公司采用机器人砌筑墙体。这种机器人可以根据房屋墙体设计的要求进行施工，日工作量可达到300平方米，相当于两个工作日完成建造3座小型住宅墙体的工程量，其"手臂"的工作效率要比人工砌筑高30倍。

像搭积木一样把建筑主体结构拼装起来，"像造汽车一样在工厂里建造房子"，这一创新技术和理念，将给建筑业带来颠覆性改变，在未来会成为一种新型建筑模式，也成为一种发展趋势。据专家介绍，建筑工业化、住宅产业化，在发达国家已是行业标准。瑞典80%的住宅采用"通用部件"；法国住宅基本采用通用构配件制品和设备；日本是世界上率先在工厂里生产住宅的国家，轻钢结构的工业化住宅约占工业化住宅80%左右；美国住宅建筑市场住宅用构件和部件的标准化、系列化几乎达100%。

我国在这方面也有发展，早在1999年就建立第一家楼房制造厂，通过引进国外先进技术，并取得了巨大成效。在北京、上海等大城市已建立建筑产业化基地，开始建筑工厂化生产。以高科技领先的中国航天科工七院，借鉴欧美国家的楼房预制模式，在长春第一汽车制造厂技术中心，"搭"出了一个停车楼。这幢建筑学名"全预制装配式混凝土停车楼"，为我国首例"全预制装配式混凝土停车楼"设计和技术，在国内起到引领和示范作用。

这种搭积木式的建房，除了地基，整个建筑都是先在工厂里预制好构件，再进行拼接安装，搭接完成后，再装修地板、墙面、安装好设备，停车楼就能使用了。"预制装配式建楼"，简单来说，就是盖楼前浇筑好预制墙体、楼梯、架板等部件，运到施工现场后，再将这些"零件"拼装在一起。这类似于流水线的方式缩短了房屋建造周期，减少了人力，并取掉了许多传统建造中涉及水泥、砂浆等"湿作业"，同时这也能提高房屋的整体质量，降低成本和能耗。所谓建筑工业化、住宅产业化，预制装配式建造模式将成为重要的实现途径。

工人们在工厂里生产构件

住宅工厂化生产在我国前景看好，随着相关政策、技术和制度的完善，建筑工厂化、产业化正在由概念逐步变为现实。一些企业率先尝试这种高效的房屋建造模式，并完成了不少工程项目。由于建筑部件是从工厂里按标准化批量生产并直接组装起来的，建筑工地变为"总装车间"，所以建房速度快、质量好，抗震性能也大为增强。

在工厂里建造房子，是一项新兴产业，它适应了现代社会科技进步的要求，是未来建筑业发展的方向。随着我国城镇化水平的提高，建筑从最初设计、施工到内部装修，住宅产业化将更加普及和发展。那时，将有更多居民住上低能耗、高品质、更结实的宜居住宅。

正在吊装组合的大楼

3D 打印的快捷建筑

科幻大片《星际穿越》中有很多唯美的画面，特别是"漫游者"飞船在星际穿梭，让人感到逼真和震撼。然而却很少有人知道，这都是 3D 打印技术创造的奇迹。

3D 打印，又称三维打印，它是一种快速形成技术，即一种以数字模型文件为基础，运用粉末状金属或塑料等可黏合材料，通过逐层打印的方式来构造物体的技术。3D 打印被誉为"能改变世界"的一项颠覆性技术，它给制造业带了全新的理念和技术革命。它不仅可打印普通的生活用品，还可以打印汽车、飞机以及人体的骨骼、假肢等，同时在航天领域也大有作为，3D 打印的航天飞机、空间站和火箭上的零部件，已取得重大突破。

3D 打印在建筑上也有广泛的应用。过去盖房子，都是一砖一瓦地建，而今用 3D 打印也可以轻松快捷地实现。"3D 打印房子"的概念来自一位意大利籍的科学家，他最先提出"轮廓建造"的概念，同时发明了独特的工艺。科学家把这种新式盖房子的方法科学地称之为"轮廓建造工艺"。

3D 打印的别墅

最早使用 3D 打印技术建房的是荷兰建筑师，于 2014 年初开始已通过 3D 打印技术制造出世界上首个全尺寸 3D 打印房屋。建筑师们通过一台大约 3.5 米高的超大号 3D 打印机来生产塑料材质建筑部件，最后搭建成一栋由 13 间房间组成的荷兰风情运河小屋。用于建设这项工程的一台名为卡莫马克的打印机，其名字来自荷兰语，意思是"房屋造者"。该打印机高 6 米，以一个船运集装箱为基础建造而成。

这个项目的实施，具有非常超前的艺术性。根据计算机绘制的方案，这栋建筑在打完框架和外墙之后，然后是天花板和房间的其它部分，还将预留出了电线和水管的空间。另外，房屋部分独立部件还可以根据需求重新搭配，房屋主人可以按照自己的喜好和用户重新设计然后再找人员进行施工。

家具也可以进行 3D 打印。如果需要搬家，整幢房屋都可以被拆解后直接运走。在常规的建筑当中，必须要用大量的木材、钢筋混凝土来进行建设，这样需要耗费大量的时间和能源。现在，人们可以打印任何想要的建筑，成为一种直接简便的建设方式。

我国的 3D 打印建房后来居上。上海一家高科技公司在苏州打印了数栋建筑，这批建筑包括一栋面积约为 1000 平方米的别墅、一栋 5 层居民楼和一栋简易展厅等，5 层的住宅楼成为世界上最高的 3D 打印建筑。随之又在上海创造了 24 小时内打印出 10 栋 200 平方米建筑的记录。对此，外国媒体都惊呆了，称赞中国 3D 打印建筑技术全球第一。

这些房子的建造是采用一部高 6.6 米、宽 10 米、长 32 米的打印机，底面占地面积足有一个篮球场那么大，高度足有三层楼高。且打印机长度还可以延伸，完全拉开足有 150 米长。打印机先打印出约 50 厘米宽的部件，然后将这些部件拼接搭建

3D 打印的楼房

成房子。3D 打印技术不但能打印简单的标准建筑，还能打印出各种房型，让建筑的艺术性通过 3D 打印一次性实现。

通过实践，3D 打印的房子有以下几大亮点。第一大亮点是"油墨"，以往 3D 打印的原料多为工程塑料、树脂、金属，而上海这次使用的"油墨"

则是建筑垃圾的再利用，以高标号水泥与玻璃纤维为主，依靠自主研发的打印机设备连续性挤出式打印而成。既降低了建筑成本，又减少了对环境的破坏。第二大亮点是其多样性和便利性，门窗等位置在"打印"的过程中就预留出来，让随后的门窗、水电管线的安装预埋更加便捷。第三大亮点是空心墙体，不但大大减轻了建筑本身的重量，更使得施工者能在其空空的"腹中"填充保温材料，让其成为整体的自保温墙体。根据不同需求，可任意设计墙体结构，预留"梁"与"柱"浇筑的空间，一次性解决墙体的承重结构问题，从而使其在高层建筑中大显身手。

3D 打印不仅是一种全新的建筑方式，而且将在很大程度上改变人们对建筑的传统理解。它不仅保护环境、高效、节能、解放人力，还能大大降低建造成本。3D 打印的最大特点是把建筑垃圾再利用，同时让新建建筑不会产出新的建筑垃圾。

用 3D 打印建造房子，是建筑师们的梦想，也是人们的现实渴望和追求。未来，3D 打印有可能将改变整个城市和乡村的面貌。

纳米技术为建筑增辉

纳米技术是 21 世纪高科技的前沿技术，被誉为具有广阔开发前途和实用价值的产业技术之一。这项技术将为建筑注入灵感，并改变建筑业的未来。

那么，何谓纳米技术？首先让我们了解一下纳米。纳米是一种长度计量单位，1 纳米为百万分之一毫米，也就是十亿分之一米。6 万纳米相当于一根头发丝的直径。纳米技术起源于一个天才物理学家的大胆设想，他提出从单个分子、甚至原子出发，进行组装，以此来制造物品。从上世纪 80 年代科学家开始研究，到 90 年代纳米技术被正式拉开序幕。实际上，纳米技术最终目的就是直接用单个原子和分子来制造物品。

纳米技术就是要做到从小到大、从下到上，要什么东西，将分子、原子搭起来，就成什么东西，从而改变现在的制造技术。专家指出，材料技术的发展趋势之一就是向越来越小的方向发展。相对于同体积、同等重量的微电子芯片，按纳米结构做成的纳米电子芯片，可储存 100 万～1000 万倍的信息量。纳米技术将渗透到人类生活的各个方面，也包括建筑领域。

据研究表明，在不久的将来，采用纳米技术建造的楼房将比现在的楼房高大 5 倍，这种楼房的承载能力甚至可比现在的楼房高出 5 倍。这种楼房在遭遇强地震的情况下也不会倒塌。我们甚至还可以想象楼房墙壁的涂料颜色根据太阳光线的强弱而改变色调，甚至还可以想象楼房房间中的隔断在白天是透明的，而到了晚上就会变成不透明的。

随着人类对物质最小单位——原子结构的深入研究，所有这一切都是可能发生的。在这些新材料的研究中，最突出的就是对纳米技术的研

采用纳米自洁玻璃的国家大剧院穹顶

究。墨西哥一位建筑师在研究原子的新结构时说:"今天世界上有许多新技术正在彻底改变着我们的概念以及人类的未来,其中包括建筑业。"

因此,纳米技术越来越受到一些发达国家的重视,并投入巨资抢占纳米科技的战略高地。美国将纳米科技作为21世纪保持科技领先的关键技术。我国从20世纪90年代开始研究、发展纳米技术,在部分研究领域已居世界先进行列。特别是纳米技术在建筑材料研制方面,已取得显著成果。如纳米材料在防水材料、环保涂料、黏结剂、保温材料、水泥、玻璃等方面都有突破,新产品已广泛应用于建筑施工的各个环节。

过去传统的涂料都存在悬浮稳定性差、易老化、洗刷性差、光洁度不够等缺陷,而纳米涂料则能改变和解决这一问题。它具有很好的伸缩性,能够弥盖修复墙体的细小裂纹,还有很好的防水性、抗异物黏附、防污性能。同时具有防尘、耐冲洗及隔热保温性能。纳米涂料的色泽鲜艳柔和、手感柔润、漆膜平整,并可改善建筑的外观。

2000年冬天,北京申奥期间,"纳米涂料"就为申奥助了一臂之力。当时已进入严寒,北京市要求年底前对道路两侧所有临街建筑物进行清洗粉刷,面积达2100万平方米。由于气温较低,普通涂料已无法使用,一种应用了纳米技术的耐低温涂料——金鼎溶剂漆解决了燃眉之急。这种涂料能在−15℃以上的低温条件下正常施工,它能较好地渗入墙体,成膜质量不受影响,漆膜不起皮、不脱落,既防水又透气,能使墙面长期保持"健康"状态。

纳米水泥同样具有其特殊性,用它浇筑的混凝土强度、硬度、抗老化性、耐久性等,比普通混凝土都有显著提高。同时还具有防水、吸声、吸收电磁波等性能,因而可用于一些特殊建筑的施工,如国防设施的建设。纳米水泥通过改变纳米材料的掺量,从而研制出防水水泥、防水砂浆,纳米敏感水泥、纳米环保复合水泥、以及纳米隐身复合水泥等。

带你走进纳米建筑世界的荷兰纳米实验楼

科学家还研制成功一种自洁玻璃,可自动净化污物。由于使用了纳米玻璃和纳米瓷砖,建筑物也能像荷花一样"出污泥而不染",这是纳米材料技术赋予传统材料的神奇效果。

特殊结构的月球建筑

月球被称为人类的第二故乡。在我国古诗词中，描写月球与建筑的句子比比皆是。"无言独上西楼，月如钩"，这是诗人李煜写下的诗句。而宋代苏轼更有"琼楼玉宇，高处不胜寒"的佳句，真正道出了月球的特征。现代诗人郭沫若则预言："我想那缥缈的空中，定然有美丽的街市。"这是文学家的幻想，但只有现代科学才能将其变为现实。

在月球上盖房子，从事建筑活动，建设一个人类定居点，这是人类的美好愿望，也是科学家长期的追求。但究竟怎么建，却是一个非常复杂的问题，科学家们都在探索。

在月球上建什么样的房子，各国都有设想，总的要求是适应环境，保护人的安全。美国科学家提出做一套名叫"带密封室的星球表面居住处"的月球房屋，这套房屋是用充气膨胀式膜材料构成的，主房间活像一个竖着的蚕茧，直径约为3.7米。它可通过密封通道连到其他建筑物，像登月飞船的乘员舱。目前这套房屋已做出样品，正进行地面技术测试。

欧洲航天局通过发射航天探测器，力求采集到更多有关月球环境的数据，以便为在月球上居住打下基础。他们对月球上最大的天然坑充满希望，期待在坑穴内能找到地球上存在的岩石等，这些都有可能是今后在月球上建造房屋的材料。他们还兴奋地发现，在月球北极附近有一个地方，这里"终年阳光普照，温度适宜"，是建造房屋和居住的最佳场所。

欧洲设想的月球建筑示意图

而我国科学家则认为，在月球上建房屋，由于月球表面上温差极大，白天会很热，夜里会很冷，而且没有空气，空间辐射很强，造房屋环境比较困难。科学家设想，如果要建的话，最好借鉴延安窑洞，在山上打很大的洞，辐射可以隔绝。窑洞就是很好很完美的地下室，可以有更大的空间在里面制造大气环境，建立维持生命系统等，而且不需要带很多建筑材料进入月球，是很实用的月球房屋。如果从"窑洞"出来，就穿宇航服，保证从事户外活动不受影响。

还有人设想在月球上建摩天大楼，其目的是满足人们在其他星球生活的愿望。月球摩天大楼将位于月球南极沙克尔顿火山口边缘，因为这里有大量的水。垂直的网状塔位于月球表面之下，从而避免居民遭受辐射和陨石的危险，以及较大的温差。

拟在月球上建造的圆形房子

在世界上拥有许多著名大饭店的希尔顿国际公司，也计划在月球上建造第一家饭店。这个取名为月球希尔顿大饭店的庞大综合体将有3000间客房。参与制订计划的英国建筑师建议建造一幢325米高的大楼。这座大楼将有餐厅、医疗中心、教堂和学校，有高速电梯在各层之间运送客人。室内将增压，并配备有生命保障系统。客人们将乘坐飞船往返于月地之间。

在月球上建造摩天大楼、超级饭店，需要大批的"太空建筑工"，由于需用人数庞大，代价太高，于是一种

太空机器人正在研制之中，以此代替"太空建筑工"。

太空机器人不食人间烟火，能长时间独立连续工作，工作效率远远超过人类。但是，由于太空里的环保特殊，例如，由于失重，对物体稍加推动，物体就会飞走；机器人和工件都在飘浮状态，可以向任何方向转动等。因此，太空机器人要做成"三头六臂"：一只手臂用来稳定自身，一只手臂用于稳住工件，另儿只手用来完成作业任务。同时，太空机器人要携带有触觉、知觉等智能传感器，以配合视觉系统来完成任务。

建造房屋需要多种建筑材料，尤其是大量的混凝土，在月球上建造房屋更是如此。但由于运载火箭的有效负荷有限，水泥和水不可能全部从地球上带去。因此，就地利用月球上原有的资源制造建筑材料将是一个不错的选择。

目前，欧洲航天局已公布了首个月球基地计划蓝图。该基地将由机器人建造，而且机器人将就地取材，先建一个供人居住的圆顶建筑。这样多个圆顶建筑连起来，就成为"成排"的建筑群。专家预测，未来40年内，第一批人类就能入住月球了。届时，我们可到月球上游玩一趟啊！

后　记

建筑作为人类共同的文明成果和物质财富，在历史的长河中留下了灿烂的一页，我们今天看到的这些建筑就是其中的一部分。建筑之于我们可以说无所不包，无所不在，每个人每天都要和建筑打交道，只是所从事的职业不同，各人的感受也有所不同。

"建筑是歌，建筑是画，建筑是无声的音乐，建筑是凝固的诗篇。"这是作者对建筑的感悟和赞叹。多年来，作者始终对建筑怀有一种热爱和敬畏，因为建筑是在总结前人经验的基础上不断发展向前的，不但延续了历史，传承了技术，也传承了文化，从而吸收新的营养达到艺术的升华，创造出美的建筑。

作者多年从事建筑工作，对建筑颇为热爱，尤其对建筑文化情有独钟。一次读书受到启发，觉得建筑中有许多有趣的故事和知识，于是就想写一本"趣味建筑"的书。10年前在写完第一本书后，就着手写这本书，开始写了两个章节，后因忙于工作事务，就放下了。一晃几年过去了，平时只是给报刊写一些建筑杂谈、建筑文化和建筑科普之类的文章，直到最近两年才安下心来，将其余章节写完。写作此书的目的，一是将自己对建筑的感悟和理解作个总结；二是弘扬建筑文化，传播建筑科技，让更多的人了解建筑，特别是让年轻的朋友们熟悉建筑，认识建筑，热爱建筑，从而培养对建筑的兴趣。兴许有的人因此喜欢上了建筑专业，将来能成为一名优秀的建筑工程师，亲手设计一座桥梁、一座高楼，给大地留下永恒的作品，那也是很有意义的事情。

本书讲述的是建筑科普知识，其中有的文章已在《建筑工人》杂志、《陕西建筑报》、《西安晚报》、《华商报》等报刊上发表，颇受读者欢迎，有的还被报刊和网络转载。此书从第一篇文章写起，到最后一个标点结束，经历了10年时间，可谓"十年磨一剑"。这"剑"到底磨得怎么样，还要读者去评判。

为了方便读者轻松阅读，而不产生阅读疲劳，全书采用文图并茂的形式，在通俗易懂的文字基础上，配有近 200 幅图片，为读者营造一个立体的、彩色的阅读空间。关于图片的来源，除本人拍摄外，还有朋友提供的，再有网络的支持。这里值得一提的是，《陕西日报》高级记者王天育、新华社高级记者范德元、《中国航天》报记者宿东、中国航天科工七院郝振山、西北农林科技大学刘庚军、陕西省摄影家协会会员茹长义、大荔县财政局宣传干部李世居等同志，都提供了大量精美的照片，在此表示衷心的感谢。

此书能得以出版，得益于西安电子科技大学出版社马乐惠编辑和陈婷编辑的大力支持，从本书的立项到编辑出版都给予热情帮助和指导。中国作家协会副主席、著名作家陈忠实先生为本书题词"传播无声音乐，歌咏凝固诗篇"。在此对他们一并表示衷心的感谢。

撰写建筑科普书籍是一项认真细致的工作，其中涉及许多知识和数据，由于本人知识有限，难免有错误和不恰当之处，欢迎读者批评指正，多提宝贵意见，以期不断提高。

作 者
2015 年 10 月 1 日